U0342391

国家自然科学基金项目（项目编号：41804032）

电离层时变特性分析及其经验模型建立方法

冯建迪　著

北　京

冶 金 工 业 出 版 社

2021

内 容 提 要

本书详细地综述了电离层的基本知识、研究方法及国内外研究现状，研究了电离层 TEC 随时间和空间的变化规律，从单站、区域和全球的角度提出了电离层 TEC 经验模型建立方法，并建立了对应的 5 种经验模型，分析了所建模型的优缺点。

本书可供测绘科学与技术专业、测绘工程专业、大气科学专业、地球物理专业的本科生和研究生阅读，也可供其他天文爱好者参考使用。

图书在版编目（CIP）数据

电离层时变特性分析及其经验模型建立方法/冯建迪著 . —北京：冶金工业出版社，2020.2（2021.7 重印）
ISBN 978-7-5024-8396-8

Ⅰ.①电…　Ⅱ.①冯…　Ⅲ.①电离层—时变参数—特性—分析—研究　②电离层—系统建模—研究　Ⅳ.①P421.34

中国版本图书馆 CIP 数据核字（2020）第 021324 号

出 版 人　苏长永
地　　址　北京市东城区嵩祝院北巷 39 号　邮编　100009　电话　（010）64027926
网　　址　www.cnmip.com.cn　电子信箱　yjcbs@cnmip.com.cn
责任编辑　姜晓辉　美术编辑　吕欣童　版式设计　孙跃红
责任校对　李　娜　责任印制　李玉山
ISBN 978-7-5024-8396-8
冶金工业出版社出版发行；各地新华书店经销；北京建宏印刷有限公司印刷
2020 年 2 月第 1 版，2021 年 7 月第 2 次印刷
710mm×1000mm　1/16；11 印张；211 千字；167 页
44.00 元
冶金工业出版社　投稿电话　（010）64027932　投稿信箱　tougao@cnmip.com.cn
冶金工业出版社营销中心　电话　（010）64044283　传真　（010）64027893
冶金工业出版社天猫旗舰店　yjgycbs.tmall.com
（本书如有印装质量问题，本社营销中心负责退换）

前　言

电离层是大气层的重要组成部分，与人类活动密切相关，如无线电通信、广播、雷达定位和卫星导航定位等。电离层的产生机理和结构十分复杂，影响因素众多，在时间和空间上呈现出复杂的变化规律，且存在一些不规律的异常变化。分析和掌握电离层的变化特性，对电离层的预报、精确模型的建立和无线电通信导航等具有深远的意义。

TEC 可表征电离层电离程度的强弱，广泛应用于修正 GNSS 卫星信号的电离层延迟和电离层时空变化特性的研究中，为高空物理和电磁波科学等研究提供参考。电离层经验模型是以电离层时空变化特性分析为基础，以较长时间记录的电离层观测资料作为建模数据库，采用合理的函数建立的经验解析式。在实际应用中，电离层经验模型是获取 TEC 的重要途径之一。由此可见，电离层 TEC 的研究对电磁波传播修正和电离层建模等诸多方面都具有十分重要的意义。

本书在编写过程中，得到了武汉大学黄劲松副教授和王正涛教授的指导和帮助，在此表示衷心的感谢。

本书得到了国家自然科学基金（编号：41804032）的资助。同时，对本书作者的单位山东理工大学，及资助本书的建筑工程学院，表示感谢。

感谢 IGS 组织提供的 TEC 数据，感谢 IRI 研究团队、IONOLAB 研究团队和 Norbert 博士研究团队，感谢本书所列的所有参考文献的作者。

由于作者水平所限，书中存在疏漏或不妥之处，敬请读者批评指正。

作　者
2019 年 10 月　于山东淄博

目　录

1 绪 论

<<<<<<<<<<<<<<<<<<<<<<<<<<<<<<<<<<<<<<<<<<<<<<<<<<<<<<<<<<<<<<<<<<

1.1 引言

电离层（ionosphere）是地球大气层的重要组成部分，位于地面 60km 以上至磁层顶之间。在太阳射线（极紫外线、紫外线和 X 射线）、宇宙射线和其他沉降粒子的综合作用下，电离层中的中性大气发生电离，即原子被剥离掉一个或多个电子，变成带正电的离子。因此，该区域内存在着大量的自由电子和离子。这些自由电子和离子对无线电波的传播影响很大（Yeh and Liu, 1972）。对于高频无线电波系统（如通信、广播和雷达等），电离层的反射作用可实现无线电波远距离传播，系统稳定性更是与电离层活动状况密切相关。另外，电离层可对贯穿其中的电磁波产生干扰，主要表现为电磁波的传播路径弯曲和色散效应等。例如，在全球卫星导航系统（Global Navigation Satellite System, GNSS）中，卫星信号作为一种电磁波在穿越电离层的过程中，其传播特性会受到严重干扰，甚至可导致信号中断（Klobuchar, 1991）。电离层对卫星信号的影响强度（电离层延迟）主要取决于信号传播途径上的总电子含量 TEC（Total Electron Content, TEC。以下表示为 TEC）和信号的频率（Klobuchar, 1996），其值与总电子含量呈正相关关系，与信号频率呈负相关关系。

TEC 是用来研究电离层的重要物理量之一，其单位是 TECU（1TECU = 10^{16} electrons/m^2），对电波传播修正和电离层理论研究等诸多方面都具有十分重要的意义。已知卫星信号频率时，只需确定信号传播途径上的 TEC，即可计算电离层延迟。因此，TEC 也可以用来描述卫星信号的电离层延迟。双频或多频用户可利用卫星观测值组成无电离层延迟线性组合，最大限度地消除或者削弱电离层延迟。但是，单频用户一般无法通过自身测量数据获得电离层延迟，通常需要借助电离层 TEC 模型对电离层延迟进行评估并改正。TEC 模型在 GNSS 系统中应用广泛。不同的 GNSS 系统使用了不同的电离层模型，例如，GPS 系统和北斗卫星导航定位系统均采用 Klobuchar 模型（Klobuchar, 1987）修正电离层延迟，欧洲卫星导航系统 Galileo 的单频用户采纳 NeQuick 模型来修正电离层延迟（Hochegger et al., 2000；Radicella and Leitinger, 2001；Nava et al., 2008）。但是，这些模型精度却不高，例如，Klobuchar 模型只能修正电离层延迟的 50%~60%（Klobuchar, 1987）。此外，还可将双频或多频观测值计算的电离层延迟模型化，为 GNSS 单频用户提供电离层延迟参考（刘长建, 2011；耿长江, 2011；姜卫平等, 2012；

张瑞，2013）。

　　TEC 除了用来评估电离层延迟外，还可表征电离层电离程度的强弱及变化，被广泛应用于电离层时空变化特性的研究中（Yuen and Roelofs，1967；余涛等，2006；Zhao et al.，2007；Bagiya et al.，2009；Liu et al.，2009；冯建迪等，2015；冯建迪等，2016；Liu et al.，2016），为高空物理和电磁波科学等研究提供参考。

　　由此可见，如何快速、准确地获取 TEC 意义重大。目前，获取电离层 TEC 的方法主要分为两大类（Crocetto et al.，2008；Jakowski et al.，2011；Feng et al.，2016）：一是利用实际观测数据计算 TEC，例如 GNSS 双频观测值，TOPEX/Poseidon 任务的双频雷达测高仪数据，无线电掩星观测数据和垂测仪数据等；二是通过电离层模型获取。电离层模型分为物理模型和经验模型两种。电离层物理模型是根据电离层的物理化学特性建立的连续能量和动量方程（Schunk et al.，1986；Fuller-Rowell et al.，1987）。但是，由于电离层内部结构复杂多变，空间差异明显，物理模型无法全球性的描述电离层的时空变化特性，相关研究多集中在区域尺度（刘长建，2011；李慧茹，2013）。电离层经验模型是建立在对电离层时空变化特性充分认识的基础上，并采用合理的函数加以描述，以较长时间记录的电离层观测资料作为建模数据库，建立的经验公式（Jakowski et al.，2011；Hoque and Jakowski，2012；Mukhtarov et al.，2013；Feng et al.，2016；Feng et al.，2017）。电离层 TEC 经验模型能在总体上较好地反映出电离层的时空变化特性（Jakowski et al.，2011；Mukhtarov et al.，2013）。在实际应用中，修正电离层延迟和研究电离层时空变化特性时，一般多采用电离层经验模型（刘长建，2011；李慧茹，2013）。

1.2　国内外研究现状

1.2.1　常用的电离层经验模型

　　国内外学者对电离层经验模型进行了大量的研究，其中最常用的几种电离层经验模型为：Bent 模型、Klobuchar 模型、IRI（International Reference Ionosphere）模型和 NeQucik 模型等。

1.2.1.1　Bent 模型

　　Bent 模型是由美国的 Rodney Bent 和 Sigrid Liewellyn 于 1973 年提出，属于经验模型。该模型通过计算电子密度高程剖面图，利用卫星测量结果和 F2 层峰值模型以及地面测站的位置，可推导出计算 TEC 的公式，进而用 TEC 计算电离层延迟。Bent 模型将电离层在高度上分为 5 层：顶部电离层利用 3 个指数层、1 个抛物线层来逼近，底部的电离层采用双层抛物线来近似，其覆盖的高度范围为150~3000km。此模型的输入参数为时间、测站位置、太阳辐射流量及太阳黑子数等。描述电离层电子密度剖面的模型还有余弦层模型、双曲正割平方层、线性模型和多项式层模型等。Bent 模型可为单频接收机用户提供电离层延迟信息。

1.2.1.2 Klobuchar 模型

Klobuchar（1987）提出了一种经验模型（Klobuchar 模型），该模型主要应用于 GPS 系统中，供广大单频用户消除电离层延迟。随着北斗卫星的发射和组网，改进的 Klobuchar 模型被引进到北斗卫星导航定位系统中。Klobuchar 模型本质上是一个分段函数：白天的电离层延迟采用余弦函数中正部分描述，夜间电离层延迟则简单的视为一个常量，取值为 5ns。白天的余弦函数由初始相位、周期和振幅组成。由此，形成了一套简单的电离层 TEC 日变函数模型。Klobuchar 模型包含 8 个参数：α_0，α_1，α_2，α_3 和 β_0，β_1，β_2，β_3。这 8 个参数是地面控制中心根据年积日和前 5 天的太阳辐射参数，从 370 组固定常数中选取的，然后通过广播星历播发给用户。对于北斗卫星导航定位系统，8 个 Klobuchar 参数则根据中国区域监测网的 GNSS 双频观测数据解算得到，每 2h 播发一组（张强等，2014）。单频用户根据获取的 8 个参数，结合地方时及经纬度信息，即可利用 Klobuchar 模型估算出对应时刻天顶方向的电离层延迟。

利用 Klobuchar 模型计算的电离层延迟 T_{ion} 可以表示为：

$$T_{\text{ion}} = \begin{cases} F\left[5.0 \times 10^{-9} + (AMP)\left(1 - \dfrac{x^2}{2} + \dfrac{x^4}{24}\right)\right], \mid x \mid < 1.57 \\ F5.0 \times 10^{-9}, \mid x \mid \geqslant 1.57 \end{cases} \tag{1-1}$$

式中

$$AMP = \begin{cases} \sum_{n=0}^{3} \alpha_n \phi_m^n, AMP \geqslant 0 \\ AMP = 0, AMP < 0 \end{cases} \tag{1-2}$$

$$x = \frac{2\pi(t - 50400)}{PER} \tag{1-3}$$

$$PER = \begin{cases} \sum_{n=0}^{3} \beta_n \phi_m^n, PER \geqslant 72000 \\ PER = 72000, PER < 72000 \end{cases} \tag{1-4}$$

$$F = 1.0 + 16.0(0.53 - E)^3 \tag{1-5}$$

$$\phi_m = \phi_i + 0.064\cos(\lambda_i - 1.617) \tag{1-6}$$

$$\lambda_i = \lambda_u + \frac{\psi \sin A}{\cos \phi_i} \tag{1-7}$$

$$\psi = \frac{0.0137}{E + 0.11} - 0.022 \tag{1-8}$$

$$t = 4.32 \times 10^4 \lambda_i + \text{GPStime} \tag{1-9}$$

$$t = \begin{Bmatrix} t, 0 \leqslant t < 86400 \\ t - 86400, t \geqslant 86400 \\ t + 86400, t < 0 \end{Bmatrix} \tag{1-10}$$

$$\phi_i = \begin{Bmatrix} \phi_u + \psi \cos A, |\phi_i| \leqslant 0.416 \\ \phi_i = 0.416, \phi_i > 0.416 \\ \phi_i = -0.416, \phi_i < -0.416 \end{Bmatrix} \tag{1-11}$$

其中，$\alpha_n(n = 0, 1, 2, 3)$ 和 $\beta_n(n = 0, 1, 2, 3)$ 为广播星历播发的 8 个参数；E 为卫星在测站处的高度角（单位：半圆）；A 为卫星方位角（单位：半圆）；ϕ_u 为 WGS-84 坐标下的地理纬度（单位：半圆）；λ_u 为 WGS-84 坐标下的地理经度（单位：半圆）；ϕ_m 为穿刺点的地磁纬度（单位：半圆）；λ_i 为穿刺点处的地理经度（单位：半圆）；ϕ_i 为穿刺点处的地理纬度（单位：半圆）；ψ 表示测站点和穿刺点在地心的交角；t 为当地时间（单位：s）。

电离层时空变化特性复杂，仅利用简单的余弦函数和 8 个预报参数很难准确描述全球电离层特性。研究表明，在全球范围内，Klobuchar 模型只能修正电离层延迟的 50% ~ 60%（Klobuchar, 1987）。利用 Klobuchar 模型获取的 2010 年 2 月 26 日 12:00UT 全球电离层 TEC 图（引自 Pavel and Tomislav, 2014）。可以看出 Klobuchar 模型只能在总体上粗略的描述全球电离层 TEC 分布特性，不能准确的描述其细节，特别是该模型无法构建电离层赤道异常。

目前，提高 Klobuchar 模型的方法主要有两种（Wang et al., 2016）：一是利用区域/全球 GNSS 跟踪站数据重新评估 Klobuchar 的 8 个广播参数（Yuan et al., 2008；Shukla et al., 2013；Wu et al., 2013）；二是修改 Klobuchar 模型函数，增加模型参数（Han et al., 2006；Filjar and Kos, 2009；Wang et al., 2016）。

1.2.1.3　IRI 模型

1978 年，国际无线电科学联盟和空间研究委员会根据地面观测资料和多年积累的电离层研究成果，编制了全球参考电离层模型 IRI（Rawer et al., 1978）。该模型是基于地面测站数据、卫星观测数据、非相干散射雷达和探空火箭资料等建立的，采用数学函数模型及相应的计算程序描述了 50 ~ 2000km 高度的电离层参数及其时空分布特性，包括电子温度、电子密度、离子温度、离子密度、主要正离子成分和电子含量等。随着电离层观测技术的发展和观测数据的增多，IRI 模型得以不断地完善和改进，先后更新了多个版本，分别是 IRI-78，IRI-80，IRI-86，IRI-90，IRI2001，IRI2007，IRI2012，IRI2016（Bilitza, 2001；Bilitza and Reinisch, 2008；Bilitza et al., 2014；Bilitza et al., 2016）。目前，最新版本为 IRI2016，可进行在线计算（网址为 https://omniweb.gsfc.nasa.gov/vitmo/

iri2016_ vitmo. html)。与之前的版本不同，IRI2012 和 IRI2016 均采用了三种待选模式（IRI2001、IRI01-corr、NeQuick）来预测电离层顶层的电子密度（Bilitza et al.，2014；Bilitza et al.，2016）。选用不同的顶层电子密度模型时，IRI 模型的计算结果略有差异（Kumar et al.，2015；Olawepo et al.，2017）。

由于 IRI2016 为最新发布模型，关于该模型的验证研究较少。所以，本书以 IRI2012 模型为例，综述了 IRI 模型的优缺点。取的 2010 年 2 月 26 日 12:00UT 全球电离层 TEC 图（引自 Pavel and Tomislav），可以看出 IRI2012 模型能较好地描述全球电离层 TEC 的分布特性，特别是赤道异常现象。但是，相关研究表明，IRI 模型虽然能重建电离层 TEC 位于赤道两侧的双峰结构，但是无法给出双峰异常的精确位置（方涵先等，2012）。另外需要注意的是，IRI 电离层模型是一种统计预报模型，可在总体上反映平静电离层的平均状态，但在某些建模资料较少的区域，其模型精度较差。Asmare et al.（2014）利用 2008 年和 2013 年的 GPS-TEC 数据评估了 IRI2012 模型在埃塞俄比亚区域的精度，结果发现：在埃塞俄比亚区域，IRI2012 模型总体上过高地估计了 VTEC 值，并且没有体现出由电离层暴引起的 TEC 波动。Rathore et al.（2015）发现 IRI2012 模型过高地评估了 2012~2013 年冬季印度地区上空的电离层 TEC 值。Tariku（2015）以赤道附近的乌干达地区为例，分析了 IRI2012 模型在该地区对 TEC 的预测能力，结果发现 IRI2012 在太阳活动高年和低年均过高地评估了研究区域内的 TEC 值，其中在太阳活动低年更为明显。

1.2.1.4 NeQuick 模型

NeQuick 模型是基于 DGR 电离层电子密度解析模型（Giovanni and Radicella，1990）及改进的 DGR 模型（Radicella and Zhang，1995），由意大利国际理论物理中心的 T/ICT4D 实验室（原名为：高空物理和电磁波传播实验室）和合作伙伴格拉茨大学的地球物理、气象和天体物理研究所（奥地利）联合研制的三维电离层电子密度经验模型。该模型被 Galileo 系统采纳，用于单频用户修正电离层延迟。在输入时间、地理位置（经纬度）、高度信息和太阳活动参数后，NeQuick 模型可计算出卫星与接收机之间传播路径上的电子密度和总电子含量或者是卫星与卫星之间的电子密度和总电子含量，还能给出电离层垂直剖面图，最大高度达 20000km。

在总结了相关学者（Radicella and Leitinger，2001；Leitinger et al.，2005；Coïsson et al.，2006）对 NeQuick 模型修正的基础上，Nava et al.（2008）提出了改进后的模型 NeQuick2。NeQuick2 模型取消了模型对输入的太阳活动参数的限制（在原 NeQuick 模型中，F10.7 指数最高上限为 193sfu，$1sfu = 10^{-22} Wm^{-2}Hz^{-1}$），使得模型更好的描述电离层的实际变化特性。另外，NeQuick2 模型对原模型的

底部（Leitinger et al.，2005）和顶部的电离层解析式（Coïsson et al.，2006）及相关参量（Radicella and Leitinger，2001）进行了改进，采用与月份无关的经验参数，计算效率得到了提高。

利用 NeQuick 2 模型获取的 2010 年 2 月 26 日 12：00UT 全球电离层 TEC 图（引自 Pavel and Tomislav，2014）。从中可以看出，NeQuick2 模型能更加细致地描述全球电离层 TEC 的分布特性，较好地重现了赤道异常现象。但是有研究表明，NeQuick2 模型对赤道异常的描述能力跟太阳活动强度关系密切。例如，Kumar et al.（2014）以第 24 个太阳活动周为例，结合实测的 GPS-TEC 数据，研究了 NeQucik 2 模型对赤道和低纬度区域上空的电离层 TEC 变化特性的描述能力，结果发现在太阳活动较低的水平时，NeQuick2 模型能较好的重现 TEC 赤道异常的准确位置和峰值，但是随着太阳活动强度的增强，NeQuick2 模型低估了 TEC 赤道异常的峰值。

1.2.2　基于 IGS GIMs 的电离层 TEC 经验模型

近 20 年来，GNSS 系统飞速发展，区域/全球的 GNSS 跟踪站网络已趋于完善。目前，国际全球卫星导航服务（International GNSS Service，IGS）的 GNSS 跟踪站已达 600 多个。这些全球分布的跟踪站为电离层 TEC 的获取提供了新的途径。从 1998 年开始，IGS 组织利用 GNSS 跟踪站数据提供全球电离层地图（Global Ionospheric Maps，GIMs）。目前为止，已有超过 18 年的 GIMs 时间序列可供使用。GIMs 数据一方面为全球电离层时变特性研究提供了优质的数据，另一方面也为经验模型的建立提供了可靠的建模数据库。近年来，以 GIMs 或者 GPS-TEC 数据为背景建立单站/区域/全球 TEC 经验模型的研究发展了起来。

1.2.2.1　单站上空电离层经验模型研究现状

Mao et al.（2005）利用 1980~1990 年的 TEC 数据和经验正交函数分析法建立了武汉站上空的电离层 TEC 经验模型。Huang et al.（2014）利用基于高斯混合模型改进的径向基函数（RBF）神经网络算法，实现了对单站上空的电离层 TEC 的短期预报。Huang et al.（2015）利用混合遗传算法和 BP 人工神经网络算法，建立了单站电离层 TEC 的 1h 预报模型。Hajra et al.（2016）利用 1980~1990 年印度 Haringhata 站上空的 TEC 观测数据，建立了赤道双峰异常区域内单站电离层 TEC 经验模型。

1.2.2.2　区域电离层经验模型研究现状

Jakowski et al.（1996）采用非线性最小二乘拟合，建立了一种适合欧洲地区的电离层 TEC 经验模型 NTCM-EU。该模型残差的标准差在太阳活动高峰年优于

3TECU，在太阳活动低年优于 1TECU。Opperman et al.（2007）基于 GPS-TEC 数据，利用球面调和函数，建立了南非地区的电离层 TEC 函数。Mao et al.（2008）利用 1996~2004 年的中国区域的 GPS 数据和经验正交函数分析法，建立了中国区域的电离层 TEC 经验模型。Bouya et al.（2010）利用球冠谐分析建立了澳大利亚区域的电离层 TEC 经验模型。Habarulema et al.（2010，2011）利用神经网络算法建立了南非地区的电离层 TEC 经验模型。Chen et al.（2015）利用经验正交函数分析法建立了北美洲区域的电离层 TEC 经验模型。

1.2.2.3　全球电离层经验模型研究现状

Jakowski et al.（2011）利用 1998~2007 年的 CODE 提供的 TEC 数据，建立了一种新的全球电离层经验模型（NTCM-GL）。NTCM-GL 模型由 5 个子分量组成，分别描述了电离层日变、季节变化、随地磁经纬度变化、赤道异常变化和随太阳活动变化规律。模型包含 12 个系数和 8 个固定常数，其中 12 个系数由非线性最小二乘拟合得到，模型残差的中误差为 7.5TECU。模型采用 F10.7 作为太阳活动指数，没有考虑 F10.7 大于 200sfu（solar flux unit，sfu）对应的 TEC 数据。然而，该模型存在一些不足之处：一是未添加中纬夏季夜晚异常（Mid-latitude Summer Night Anomaly，MSNA）改正，不能重建南半球电离层的威德尔海异常（Weddell Sea Anomaly）和北半球电离层的类威德尔海异常（WSA-like）现象；二是该模型将每日电离层 TEC 最大值出现的时刻固定在当地时间 14h；三是在南北极圈内，模型的 TEC 日变分量函数不能描述极昼极夜时的 TEC 日变规律。以上三点导致该模型在某些中纬度地区、高纬度（特别是极圈以内）的拟合精度较差。此外，该模型未能较好的重建电离层赤道异常结构（Pavel and Tomislav，2014）。Mukhtarov et al.（2013）利用 1999~2011 年的 CODE 提供的 TEC 数据，并将其转换到修正的地磁倾角（modip latitude）坐标系下，然后采用非线性最小二乘拟合，建立了另一种新的全球 TEC 经验模型。该模型由 3 个子分量组成，分别描述了电离层日变、季节变化和随太阳活动变化。模型首次引入了 F10.7 随时间的线性变化率，同时在电离层日变和季节变化分量中添加了非潮汐的改正。4374 个模型系数由非线性最小二乘拟合得到，模型残差的标准差为 3.387TECU。该模型可重建电离层赤道异常和威德尔海异常结构。然而，由于有关文献未给出 4374 个系数的具体数值，在实际应用中很难实现。Ercha et al.（2012）利用 JPL 分析中心发布的 1999~2009 年的 GIMs 数据和经验正交函数分析法，建立了全球 TEC 经验模型。Wan et al.（2012）利用经验正交函数分析法建立了全球电离层 TEC 经验模型。

1.3　本书研究依据及意义

以 GIMs TEC 数据为背景建立的全球电离层经验模型可在整体上体现电离

TEC 时空变化特性。但是，有些全球电离层 TEC 经验模型的精度不高，并且在某些局部区域上不能准确描述电离层的时变特性。相关的原因可以总结为：

第一，在建模时，未能将电离层的各种异常现象模型化。电离层中存在异常现象，并且这些异常存在地域性的差异。例如，电离层赤道异常（EIA）只发生在磁赤道南北两侧 10° ~ 15° 范围内（Appleton，1946）。中纬度夏季夜间异常（MSNA）只发生在南半球的威德尔海附近区域和北半球的中国东北和日本区域（Lin et al.，2009，2010；Thampi et al.，2009；Horvath and Lovell，2009；Liu et al.，2010）。TEC 冬季异常现象不是普遍存在的，通常只发生在北半球的近极地区，北美和北欧地区（余涛等，2006）。此外，电离层 TEC 存在南北半球不对称性（Liu et al.，2007；冯建迪等，2015）；在南北两极地区，极昼或者极夜发生时的电离层 TEC 变化特性与中、低纬度区域的电离层 TEC 日变化特性差别很大。全球模型如不考虑这些异常现象及其地域上的差异性，并将其合理模型化，则不能准确的描述电离层变化特性。

第二，由于 IGS 站全球分布不均匀，表现为欧洲和北美洲地区分布稠密，其他地区分布相对稀少，海洋上空更是缺少测站。在测站较少或者空缺的区域，GIMs 往往无法确切地描述 TEC 的变化特性，有时这些区域内的 TEC 甚至出现负值（王成等，2014）。这导致了 GIMs 的精度在全球范围内不统一。将精度不统一的 GIMs 作为建模数据集，采用非线性最小二乘等权处理是不合理的。

以上两个主要因素严重损害了基于 GIMs 建立的全球电离层 TEC 经验模型的总体精度。

本书在综合分析电离层时空变化特性的基础上，针对上文提到的两点制约全球电离层 TEC 经验模型精度的因素，研究了提高全球电离层 TEC 经验模型精度的方法，建立了新的全球电离层 TEC 经验模型，旨在使新模型能更好地描述全球电离层 TEC 分布和细节变化特性。

此外，如 1.2.2 节所述，经验正交函数分析法、神经网络算法、非线性最小二乘拟合技术等被广泛应用于电离层 TEC 经验模型的研究中。其中，非线性最小二乘拟合技术大多被用来建立全球模型，利用该技术建立单站或者区域电离层经验模型的研究相对较少。因此，研究基于非线性最小二乘法的单站或者区域电离层经验模型很有意义。与全球范围相比，在单站或者区域内的电离层的变化特性是统一的，即变化特性在不同经纬度上（只针对区域）差异较小。并且，建模所用的 TEC 数据集的精度也是一致的。因此，利用非线性最小二乘技术，基于 GIMs TEC 数据集或者 GPS-TEC 数据，建立的单站或者区域电离层 TEC 经验模型可有效避免建模数据集精度不统一和变化特性的地理位置差异对模型精度带来的影响。本文以 MSNA 区域和中纬度其他区域为例，研究了利用非线性最小二乘拟合算法建立单站上空的电离层 TEC 经验模型和区域电离层经验模型的方法。

2 电离层特性与 GNSS 电离层基础理论

电离层在众多因素（例如，太阳、地磁、热层、中性风、磁层、等离子层等）的综合影响下，存在着极其复杂的变化特性。对电离层的形成机理、内部结构和时空变化特性的全面认识和分析是建立电离层模型的基础，更是人类对日地空间认识和利用的重要基础。

自从步入电磁波通信时代以来，人们一直在研究电离层的复杂规律，尝试着建立了许多经验的或者物理的电离层模型。这些模型被广泛的应用于无线电通信中。20 世纪 50 年代之前，人类所有关于电离层结构的知识几乎都是从地面用无线电垂直探测的方法得到的。随着 GNSS 技术的出现及发展，大范围长期连续的电离层 TEC 数据获取成为可能。GNSS 卫星信号在穿过电离层时，其传播方向、速度、相位、振幅等被电离层中大量存在的正离子和自由电子所干扰，称之为电离层延迟。电离层延迟的大小主要取决于信号传播路径上的总电子含量和信号的频率。利用不同频率的 GNSS 卫星观测值可反演出测站上空的电离层总电子含量。

2.1 电离层特性

2.1.1 电离层的产生机理

电离层是高度在 60~1000km 之间，位于对流层之上磁层之下的电离区域。该区域内的中性原子和空气分子在太阳辐射的紫外线、X 射线和磁层中下沉的高能粒子的作用下，产生大量的自由电子和正离子（Bailey et al., 1969）。由于电子含量与正离子含量相当，电离层在总体上仍呈现中性。在电离层中，既存在电离过程，也存在电子和离子的复合行为。一般情况下，50km 以下的大气密度很大，电离后的电子与离子在气体分子的碰撞下很快复原。随着高度的增加，大气密度减小，同时太阳辐射增强，电离作用大于复合作用，电子和离子得到积累。随着电子和离子的密度持续增加，它们的复合速率也随之加快，最后自由电子的产生速率等于它的复合速率，到达动态平衡的状态。此时，电子和离子的密度达到最大值。随着高度继续更加，到达电离层的上层时，大气变得十分稀薄，此处太阳的辐射很强，但只有少量的大气分子可供电离。因此，电离作用最强的区域既不在大气层的最上层，也不在大气层的最下层，而是出现在电离层的中部。

2.1.2 电离层分层结构

电离层的结构复杂多变，不能将其视为一个整体单层考虑。地球大气在重力场中的平衡分布使得电离层低层中分子性离子较多，而电离层高层中原子性离子较多，这使得电离层下部和上部的形态有很大不同。实际上，电离层中的电子和离子的密度随高度的分布是不均匀的。如图 2-1 所示，在不同的高度方向上，根据电子密度的不同，电离层分为 D 层、E 层、F 层和质子层，有时会出现 E_S 层，F 层又可以进一步分为 F_1 层和 F_2 层。电子密度在各层中分别在某一高度 h 附近有极大值，对应的峰值密度分别记为 N_mE、N_mF_1、N_mF_2，相应的等离子体频率称为该层的临界频率，分别记为 f_0E、f_0F_1、f_0F_2。

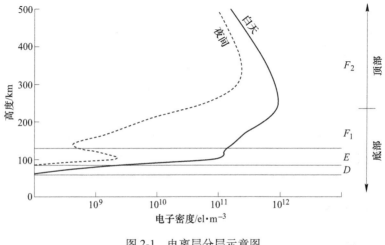

图 2-1 电离层分层示意图

（引自 Fernandez，2004）

D 层：高度约为 60~90km，是电离层的最下面一层，辐射源为硬 X 射线和 α 辐射，离子的成分主要是 NO^+，电离程度较低。电离密度白天约为 $2.5×10^9$ el/m³，一般中午过后达到最大值，夜间减小到可以忽略。D 层主要吸收高频电磁波，对无线电通信影响较大，且冬季较夏季更为严重。

E 层：高度约为 90~140km，辐射源主要是太阳紫外线和软 X 射线，主要离子成分是 O_2^+ 和 N_2^+，电子密度约为 10^9~10^{11} el/m³，白天电子密度较高，夜间电子含量较低。E 层电子密度的日变化和季节变化随太阳天顶角变化十分明显。有时 E 层会出现与太阳辐射无直接关系的不规则结构，表现形式为电子密度很高的云状物，水平尺度从几千米到上千千米不等，称为"突发 E"层或者 E_S 层。E_S 层的厚度一般仅有 1~2km，多在夏季出现，极区主要出现在夜间。

F 层：高度约为 140~600km，辐射源主要是波长为 17~91.1nm 的紫外线，

主要离子成分是 O^+、N^+ 和 N_2^+，电子密度约为 $10^{11} \sim 10^{12}$ el/m³。夜间 F 层为一个层，白天的 F 层在低纬度地区，可以分为 F_1 层和 F_2 层。F_1 层的高度约为 $140 \sim 210$km，白天峰值密度 $N_m F_1$ 为 2×10^{11} el/m³，夜间 F_1 层消失。F_2 层的高度约为 $210 \sim 600$km，其电子密度峰值 $N_m F_2$ 一般出现在 $250 \sim 400$km 的高度上。F_2 层对无线电通信非常重要，是影响无线电波传播的主要区域。和 E 层一样，F 层有时也会出现大量不均匀的电子云团，称为"扩展 F"（Spread-F）。扩展 F 层没有固定的高度，多出现在傍晚或夜间，有时会持续数小时，与太阳活动和磁暴关系密切。

质子层：在 F 层之上，高度大于 1000km，主要成分为 H^+。一般情况下，质子层的电子含量在一天内的变化不大。但是在强烈的磁暴期间，电子含量急剧下降，且需要几天的时间才能回复到磁暴前的水平。

以上电离层分层结构只是电离层平稳状态下的划分，当太阳耀斑爆发或地磁场剧烈变动时，电离层就会变得极不稳定，各层也会出现相应的变化。此外，电离层的 D 层、E 层、F 层中的电子密度变化与太阳活动密切相关。

2.1.3　电离层的基本变化特性

由于太阳的活动、地球公转与自转、宇宙高能粒子、地球磁场、磁层和大气运动等各种因素的影响（马宗晋等，2002；Guo et al.，2007；Liu et al.，2011），电离层在时间和空间上均呈现一系列复杂的变化。这些变化与经纬度、季节、地方时，以及太阳和地磁活动密切相关。

太阳是地球电离层产生的决定性因素之一，太阳的活动直接影响到电离层的变化。太阳活动存在显著的周期性变化，如约 11 年的太阳黑子周期和准 27 天的太阳自转周期，电离层在时间上也出现相应的周期性变化。因此，电离层模型常把太阳活动指数（如太阳黑子数 R、F10.7 指数和极紫外线辐射指数 EUV 等）作为重要的模型输入参数。

电离层的日变化特性也是十分显著的，与太阳辐射通量的变化关系密切。电离层 TEC 随地方时的变化主要表现为：一般情况下，夜间电离层 TEC 值达到最小值，且变化较为平缓；从日出后 TEC 值开始增大，到当地时间 14 时左右达到最大值。下午至黄昏，随太阳辐射的减弱，TEC 急速下降。

在空间上，由于太阳辐射、地磁和大气运动等因素，电离层随纬度变化显著，特别是在地磁纬度框架下表现得更为明显。在近地空间，电离层电子、离子的运动主要受控于地球磁场。

另外，电离层中还存在各种不规律的变化现象，统称为电离层异常。从时间角度来看，主要的异常有半年度异常、年度异常和冬季异常等；从空间角度上来看，主要是赤道异常和中纬度夏季夜间异常等。

电离层半年度异常（semiannual anomaly）是指，F_2 层的密度峰值 N_mF_2 在春分和秋分时高于冬至和夏至。半年度异常的成因十分复杂，与太阳活动和经纬度密切相关。在太阳活动低峰年，半年度异常现象更加显著，且在低纬度地区和南半球中纬度地区较为突出（Yonezawa，1971；Torr and Torr，1973；Millward et al.，1996；Fuller-Rowell，1998）。

电离层年度异常（annual anomaly），又称 12 月异常，从日地距离的变化来看，12 月的太阳电通量与 6 月的相比有 6% 的变化，而电离层 N_mF_2 在 12 月却比 6 月的高出 20% 的现象（Yonezawa and Arima，1959；Yonezawa，1971；Torr and Torr，1973；Titheridge and Buonsanto，1983；Rishbeth et al.，2000）。

电离层冬季异常（winter anomaly），也称为"季节异常"，是指 N_mF_2 的值在冬季大于夏季的现象（Yonezawa，1971；Torr and Torr，1973；Yu et al.，2004；Pavlov and Pavlova，2009；Pavlov et al.，2010）。冬季异常只出现在白天，夜间消失。和半年度异常不同，在太阳活动低年，赤道和南半球不存在冬季异常。一般认为冬季异常是由南北半球热层大气吸收的紫外辐射的能量差异引起的（Rishbeth and Field，1997）。

电离层赤道异常（Equatorial Ionization Anomaly，EIA），也称为 Appleton 异常或地磁异常，是指电离层 N_mF_2 在磁赤道南北 $15° \sim 20°$ 的区域出现两个极大值的现象（Appleton，1946）。赤道异常的发生机理是白天赤道附近 E 层大气发电机的电场沿着磁力线传输到 F 层电动机区，使等离子体向上运动，被抬升了的等离子体沿着磁力线向下扩散，从而导致赤道上空的电子密度减小，赤道两侧的电子密度增大（Martyn，1955；Duncan，1960），即"喷泉效应"。由中性风产生的场向等离子运输作用和在中性成分的影响下产生的光化学过程也会对 EIA 的结构产生影响，这种影响在冬至和夏至时尤为显著（Abdu et al.，1990）。此外，存在于电离层 E 区中赤道附近（$\pm 2°$）的东向电流带（赤道电流集，EEJ）也是影响 EIA 的重要因素（Sethia et al.，1980；Richmond，1989；Reddy，1989）。

中纬度夏季夜间异常（Mid-latitude Summer Night Anomaly，MSNA）是电离层异常现象之一，表现为夏季时每日电子密度的峰值出现在夜间（22：00-04：00LT），而非正午前后。该现象被首次发现于南极半岛威德尔海区域附近（Bellchambers，1958）；1965 年，Penndorf 将其命名为威德尔海异常（Weddell Sea Anomaly，WSA）。最近的研究（Lin et al.，2009，2010；Thampi et al.，2009；Horvath and Lovell，2009；Liu et al.，2010）表明，北半球的东亚地区（$40 \sim 60°$N，$120 \sim 140°$E）上空，电子密度和总电子含量也存在类似威德尔海异常的现象，这种南北半球都存在的异常现象统称为中纬度夏季夜间异常。

除此之外，电离层还存在一些其他的不规律现象，例如磁暴和电离层暴（Matsushita，1959；King，1962 and 1967；Tanaka，1979）、电离层闪烁（Briggs and

Parkin, 1963; Rufenach, 1975; Dana and Knepp, 1983; Doherty and Delay, 2000; Otsuka et al., 2006)、电离层行扰（Martyn, 1959; Ratovsky et al., 2008; Hernández et al., 2012; Lejeune et al., 2012）和电离层突然骚扰 SID（Dellinger, 1937; Hachenberg and Krüger, 1959; Thomas et al., 1973; Kunštović et al., 2012）等。

2.2 电离层探测方法

电离层探测的主要目的是获取电离层参数及其变化特性，参数主要包括电离层中电子和离子的含量、密度、温度以及磁场和电场的信息等。目前，电离层的探测方法有很多，可分为基于电磁波系统的间接探测和基于卫星或火箭荷载仪器（例如，朗缪尔探针和质谱仪等）的直接探测。间接探测主要根据电磁波在电离层中的传播特征，间接反演电离层参数，常用的探测手段有电离层垂直探测、电离层斜向探测、斜向返回式探测和非相干散射雷达探测等。直接探测是采用空间飞行器荷载仪器直接探测电离层参数。本文简要介绍了几种常见的电离层探测方法。

2.2.1 垂直探测

垂直探测法是最早被应用于电离层研究的方法，至今仍是最直接有效的电离层探测手段之一。垂测仪是电离层垂直探测常用的设备。垂测仪采用频率扫描方式，将一系列不同频率（0.5~30MHz）的高频无线电脉冲垂直发射到电离层中，当入射的电波频率与某个高度上的等离子体频率相等时，无线电波就会在此高度上发生反射，不同频率的回波被接收机接收。通过测量无线电波从发射到接收的传播时间 τ，得到虚高 $h' = c\tau/2$ 随探测频率变化的频高图。频高图蕴含了整个电离层的穿透频率 f_0F_2 和相应的最大电子密度值 N_mF_2。通过数值求解虚高 $h'(f)$ 和电子密度 $N(h)$ 之间的积分方程，得到探测点上空 F_2 峰高度以下电子密度随高度的一维分布。目前，数字式垂测仪还能测量回波的相位谱、振幅、偏振和到达角等信息，可获取更为丰富的电离层结构与动力学信息。

2.2.2 斜向探测

垂直探测法的主要缺点之一是探测范围很小，只能覆盖测站上方较小的电离层区域。电离层斜向探测技术有效弥补了垂直探测法的这一缺点，可实现数千千米范围内的电离层探测。电离层斜向探测技术需要保持收、发两端的时间和频率严格同步。斜向探测可以获得反映收发站之间信号传播群路径与频率关系的斜测电离图，进而确定收发站之间电离层波传播模式和最大可用频率（MUF），还可以反演收发站路径中点上空电离层电子浓度剖面或沿探测路径电离层电子浓度梯度。

2.2.3　斜向返回式探测

斜向返回式探测又称为天波（高频）后向散射探测。电波经天线发射倾斜投射到电离层，经电离层的反射后到达远方的地球表面。因地球表面的不平坦和电气的不均匀性而产生射散作用，使一小部分电波能量沿原入射路径再经电离层反射而返回到发射点，被接收天线接收，对回波信号进行分析可得到电离层有关信息。

2.2.4　非相干散射探测

电离层非相干散射探测方法依托于大功率散射雷达，其频率范围为数十兆到数百兆赫兹，最大频率大于电离层的最大临界频率，因此回波不再是电离层反射波，而是电子和离子或者各种不规则结构的散射波。作为目前研究电离层特性及其物理化学过程最强有力的探测工具，电离层非相干散射探测除了提供电离层整个 E 区和 F 区的电子密度、等离子体漂移密度以及电子和离子温度的信息，还能反演出离子成分、中性大气温度、中性风以及电场的信息。此外，在高纬度地区，联合磁层顶或磁尾的卫星观测数据，电离层非相干散射探测也可用于高纬电离层电场、电流等对磁层扰动的响应研究。

2.2.5　天基探测方法

上述介绍的电离层垂直探测、斜向探测、斜向返回式探测和非相干散射雷达探测的仪器位于地球表面，属于地基探测方法。当探测仪器位于高空时，相关的电离层探测手段均属于天基探测。常用的电离层天基探测方法有朗缪尔探针、质谱仪、顶部电离层探测仪探测和卫星信标探测（如 GNSS 双频电离层探测和掩星电离层探测）等。

2.3　GNSS 电离层的基础理论

2.3.1　卫星信号折射率

在载波相位测量中，载波的相位在电离层中是以相速度 V_P 传播的，不同频率的一组卫星信号作为一个整体以群速度 V_G 在电离层中传播。相速度 V_P 与相折射率 n_p 之间的关系为：

$$V_P = \frac{c}{n_p} \tag{2-1}$$

类似的，群速度 V_G 与群折射率 n_G 之间的关系为：

$$V_G = \frac{c}{n_G} \tag{2-2}$$

式中，c 为真空中的光速。相折射率 n_p 可以表示为

$$n_p^2 = 1 - \cfrac{X}{1 - iZ - \cfrac{Y_T^2}{2(1 - X - iZ)} \pm \sqrt{\cfrac{Y_T^4}{4(1 - X - iZ)} + Y_L^2}} \qquad (2\text{-}3)$$

式中

$$X = \frac{f_P^2}{f^2} = \frac{N_e e^2}{4\pi^2 \varepsilon_0 m f^2} = \frac{80.6}{f^2} N_e \qquad (2\text{-}4)$$

$$Y_L = \frac{f_H}{f}\cos\theta = \frac{\mu_0 H_0 |e|}{m2\pi} \frac{1}{f}\cos\theta \qquad (2\text{-}5)$$

$$Y_T = \frac{f_H}{f}\sin\theta = \frac{\mu_0 H_0 |e|}{m2\pi} \frac{1}{f}\sin\theta \qquad (2\text{-}6)$$

$$Z = \frac{f_V}{\omega} = \frac{f_V}{2\pi f} \qquad (2\text{-}7)$$

式中，f 为电磁波频率；f_P 为等离子体频率；e 为电子电荷，$e = 1.6021 \times 10^{-19}C$；$N_e$ 为电子密度，单位是 el/m^3 或 el/cm^3；m 为电子质量；ε_0 为自由空间介电常数；θ 为地磁场与电磁波传播方向的夹角；H_0 为地磁场强度；f_H 为电子回旋频率；μ_0 为自由空间磁导率，$\mu_0 = 12.57 \times 10^{-7}H/m$；$f_V$ 为电子的有效碰撞频率；$\pm$ 取决于电磁波的极化性质。

以 GPS 双频数据为例，频率分别为 $f_1 = 1575.42MHz$，$f_2 = 1227.60MHz$，而 f_P 和 f_H 的量级分别为 10MHz 和 1MHz，f_V 一般为 10000Hz，所以，$f \gg f_P$，$f \gg f_H$，$f \gg f_V$，即 $X \ll 1$，$Y_L \ll 1$，$Y_T \ll 1$，$Z \ll 1$，则电离层的折射率公式可以简化为：

$$n = 1 - \frac{X}{2} \pm \frac{XY}{2}\cos\theta - \frac{X^2}{8} \qquad (2\text{-}8)$$

研究表明，即使在电离层极端扰动影响下，二阶项和三阶项对时延的影响，相对于一阶项而言是很小的，比例系数分别为 10^{-3} 和 10^{-4} 左右。所以，一般情况下电离层的折射率 n_p 仅考虑一阶项。此时，相折射率 n_p 公式进一步简化为：

$$n_p = 1 - \frac{X}{2} = 1 - \frac{N_e e^2}{8\pi^2 \varepsilon_0 m f^2} = 1 - 40.28 \frac{N_e}{f^2} \qquad (2\text{-}9)$$

根据电磁场理论，相速度、群速度和相折射率、群折射率之间的关系式如下：

$$V_g = v_p - \lambda \frac{\partial v_p}{\partial \lambda} \qquad (2\text{-}10)$$

$$n_g = n_p - \lambda \frac{\partial n_p}{\partial f} \qquad (2\text{-}11)$$

式（2-9）对频率 f 求导，得到表达式：

$$\frac{\partial n_{\mathrm{p}}}{\partial f} = 80.56 \frac{N_{\mathrm{e}}}{f^3} \tag{2-12}$$

将式（2-10）和式（2-12）一起代入式（2-11），得到群折射率 n_{g} 的表达式：

$$n_{\mathrm{g}} = 1 + 40.28 \frac{N_{\mathrm{e}}}{f^2} \tag{2-13}$$

2.3.2 电离层延迟与总电子含量

以卫星的测距码为例，介绍了电离层对卫星信号的延迟量公式。测距码是以群速度在电离层中传播的，设卫星信号从卫星至接收机的传播时间为 Δt，卫星至接收机的几何距离 ρ 表示为：

$$\rho = \int_{\Delta t} V_{\mathrm{g}} \mathrm{d}t = \int_{\Delta t} \left(c - 40.28c \frac{N_{\mathrm{e}}}{f^2} \right) \mathrm{d}t = c\Delta t - 40.28 \int_{\Delta t} cN_e \mathrm{d}t \tag{2-14}$$

令 $c\Delta t = \rho'$，并将式（2-14）左边第二项的积分变量变换为 $\mathrm{d}s = c\mathrm{d}t$，于是积分间隔 Δt 相应地变化为信号传播路径 s。如此，式（2-14）可以转换为：

$$\rho = \rho' - \frac{40.28}{f^2} \int_s N_e \mathrm{d}s \tag{2-15}$$

测距码的电离层延迟量为：

$$(V_{\mathrm{ion}})_{\mathrm{g}} = -\frac{40.28}{f^2} \int_s N e \mathrm{d}s \tag{2-16}$$

利用相同的方法，可得载波相位的电离层延迟量：

$$(V_{\mathrm{ion}})_{\mathrm{p}} = +\frac{40.28}{f^2} \int_s N e \mathrm{d}s \tag{2-17}$$

令 $\mathrm{TEC} = \int_s N e \mathrm{d}s$，表示沿卫星信号传播的路径 s 对电子密度 Ne 进行积分所获得的结果，以底面面积为一个单位面积，沿信号传播路径贯穿整个电离层的一个柱体中所包含的总电子数，称之为总电子含量（Total Electron Content，TEC）。

于是，电离层延迟量可以写为：

$$-(V_{\mathrm{ion}})_{\mathrm{g}} = +(V_{\mathrm{ion}})_{\mathrm{p}} = \frac{40.28}{f^2}\mathrm{TEC} \tag{2-18}$$

2.3.3 基于双频 GNSS 数据的 TEC 获取算法

由式（2-18）可知，电离层延迟是电磁波频率的函数，与电磁波的频率 f 的平方成反比。因此，利用不同频率的卫星观测数据可计算出信号传播路径上的总电子含量 TEC。本书以 GPS 双频（L1 和 L2）观测数据为例，介绍了计算电离层

TEC 的方法。

GPS 的伪距观测方程为：

$$\rho_1 = \rho + c(V_{TR} - V_{TS}) + (V_{ion})_1 + (V_{trop})_1 + (V_{orb})_1 + H_{S1} + H_{R1} + M_1 + \varepsilon_1 \tag{2-19}$$

$$\rho_2 = \rho + c(V_{TR} - V_{TS}) + (V_{ion})_2 + (V_{trop})_2 + (V_{orb})_2 + H_{S2} + H_{R2} + M_2 + \varepsilon_2 \tag{2-20}$$

式中，ρ_1 和 ρ_2 分别表示 L1 和 L2 的伪距观测值；ρ 为卫星至接收机的距离；V_{TR} 为接收钟误差；V_{TS} 为卫星钟误差；V_{ion} 为电离层延迟；V_{trop} 为对流层延迟误差；V_{orb} 为轨道误差；H_S 为卫星的硬件延迟误差；H_R 为接收机的硬件延迟误差；M 为测距码所受到的多路径误差；ε 为观测噪声。其中，

$$(V_{ion})_1 = -\frac{40.28}{f_1^2} TEC \tag{2-21}$$

$$(V_{ion})_2 = -\frac{40.28}{f_2^2} TEC \tag{2-22}$$

将式（2-19）与式（2-20）相减，顾及 L1 和 L2 信号的卫星钟差、接收机钟差、轨道误差和对流层延迟相同，可得：

$$\rho_1 - \rho_2 = 40.28 TEC\left(\frac{1}{f_2^2} - \frac{1}{f_1^2}\right) + \Delta H_S + \Delta H_R + \Delta M + \Delta \varepsilon \tag{2-23}$$

式中，$\Delta H_S = H_{S1} - H_{S2}$ 表示卫星对两个频率的伪距观测值的硬件延迟之差；$\Delta H_R = H_{R1} - H_{R2}$ 表示接收机对两个频率的伪距观测值的硬件延迟之差；$\Delta M = M_1 - M_2$ 为两个伪距观测值的多路径误差之差；$\Delta \varepsilon = \varepsilon_1 - \varepsilon_2$ 为两个伪距观测值的观测噪声之差。虽然多路径误差对伪距的影响很大，但是通过选择合适的站址，选择合适的 GPS 接收机和适当延长观测时间等手段，可以有效地削弱多路径误差的影响。伪距观测值的观测噪声也可通过采用高质量的接收机减弱。因此，我们可以忽略 ΔM 和 $\Delta \varepsilon$ 两项影响。此时，式（2-23）简化为：

$$\rho_1 - \rho_2 = 40.28 TEC\left(\frac{1}{f_2^2} - \frac{1}{f_1^2}\right) + \Delta H_S + \Delta H_R \tag{2-24}$$

在已知卫星和接收机硬件延迟的情况下，可以得到卫星信号传播路径上的总电子含量 TEC 的表达式：

$$TEC = \frac{f_1^2 f_2^2}{40.28(f_2^2 - f_1^2)}[(\rho_1 - \rho_2) - (\Delta H_S + \Delta H_R)] \tag{2-25}$$

同样的，对于载波相位观测数据，观测方程为：

$$\lambda_1(\phi_1 + N_1) = \rho + c(V_{TR} - V_{TS}) - (V_{ion})_1 + (V_{trop})_1 + (V_{orb})_1 + \\ H_{S1} + H_{R1} + M_1 + \varepsilon_1 \tag{2-26}$$

$$\lambda_2(\phi_2 + N_2) = \rho + c(V_{TR} - V_{TS}) - (V_{ion})_2 + (V_{trop})_2 + (V_{orb})_2 +$$
$$H_{S2} + H_{R2} + M_2 + \varepsilon_2 \tag{2-27}$$

式中，λ_1 和 λ_2 分别为 L1 和 L2 的波长；ϕ_1 和 ϕ_2 为载波相位观测值；N_1 和 N_2 分别为 L1 和 L2 的整周模糊度。

　　式（2-26）和式（2-27）相减后可得，基于双频载波相位观测值的 TEC 表达式：

$$TEC = \frac{f_1^2 f_2^2}{40.28(f_2^2 - f_1^2)} \left[(\phi_1 \lambda_1 - \phi_2 \lambda_2) + (\lambda_1 N_1 - \lambda_2 N_2) - (\Delta H_S + \Delta H_R) \right]$$

$$\tag{2-28}$$

2.4　本章小结

　　本章主要介绍了电离层的基本知识和 GNSS 电离层基础理论。首先，从根源上介绍了电离层产生的机理、分层结构及各层的特性。其次，介绍了电离层的基本变化特性，主要是日变特性、季节变化特性、随地磁变化特性和随太阳活动变化特性。第三，介绍了电离层中各种异常现象，主要有年度异常、半年度异常、冬季异常、赤道异常、中纬度夏季夜间异常以及其他的不规律现象（如，磁暴和电离层暴、电离层闪烁、电离层行扰和电离层突然骚扰）等。第四，阐述了 GNSS 电离层研究的基础理论，包括卫星信号在电离层中的折射率、电离层延迟、总电子含量和基于双频 GNSS 数据的 TEC 获取算法。

3 电离层时间变化规律研究

`<<<<<<<<<<<<<<<<<<<<<<<<<<<<<<<<<<<<<<<<<<<<<<<<<<<<<<<<<`

3.1 傅里叶变换和小波多尺度分解

1807 年，法国数学家约瑟夫·傅里叶提出任何连续周期信号可以由一组适当的正弦曲线组合而成的理论，这就是著名的傅里叶变换。$x(t)$ 的傅里叶变换 $X(\omega)$ 为：

$$X(\omega) = \int_{-\infty}^{\infty} x(t) e^{-j\omega t} dt$$

$X(\omega)$ 的反傅里叶变换 $x(t)$ 为：

$$x(t) = \frac{1}{2\pi} \int_{-\infty}^{\infty} X(\omega) e^{j\omega t} d\omega$$

由傅里叶变换的公式可知，时间信号 $x(t)$ 在经过傅里叶变换后失去了时间特性，$X(\omega)$ 只具有频率特性，并且其值由 $x(t)$ 在整个时间段上的特性所决定，利用傅里叶变换的这个特性可获取信号的所有频率。

1965 年，由 J. W. 库利和 T. W. 图基提出了快速傅里叶变换，采用这种算法能使计算机计算离散傅里叶变换所需要的乘法次数大为减少，特别是被变换的抽样点数 N 越多，FFT 算法计算量的节省就越显著。FFT 是离散傅立叶变换的快速算法，可以将一个信号变换到频域。有些信号在时域上是很难看出什么特征的，但是如果变换到频域之后，就很容易看出特征了。这就是很多信号分析采用 FFT 变换的原因。另外，FFT 可以将一个信号的频谱提取出来，这在频谱分析方面也是经常用的。

频谱分析是观测数据时间序列研究的一个途径，该方法是将时域内的观测数据序列通过傅里叶级数转换到频域内进行分析，它有助于确定时间序列的准确周期，同时有助于分析隐蔽性和复杂性的周期数据。但由于测量数据在采集过程中不可避免存在随机误差，频率幅值较小的弱周期性信息就会被淹没在随机噪声中，从而不能较好地探测以及提取。小波分析可有效地解决上述问题。

小波分析是目前分析时间序列的有效工具，它可以获取时间序列的时间—频率特征，该分析方法是一种窗口大小（即窗口面积）固定但其形状可改变，时间窗和频率窗都可以改变的时频局域化分析方法，即在低频部分具有较高的频率分辨率和较低的时间分辨率，在高频部分具有较高的时间分辨率和较低的频率分辨率，所以被誉为数学显微镜。正是这种特性，使小波变换具有对信号的自适应性。

小波多尺度分解具有等样性，各个尺度的样本数相等，随着分解尺度增加，粗一级尺度上的低频分量中含有随机误差影响幅度会越来越小，曲线也会越来越光滑。从而其低频分量能很好地拟合趋势性，即相当于用一种光滑曲线对 $f(t)$ 进行拟合。将 $f(t)$ 进行小波多尺度分解，当小波分解的尺度足够大时，周期性信息会被当作噪声逐渐保留在高频分量中，对高频分量进行频谱分析就可以探测出周期性信息。另外，随着分解尺度增加，粗一级尺度上的高频分量中含有随机误差影响幅度也会越来越小，对粗一级尺度上的高频分量进行频谱分析可以探测出弱周期性信息。

3.2　电离层年变化周期

3.2.1　太阳黑子和 F10.7 指数

在太阳的光球层上，有一些旋涡状的气流，像是一个浅盘，中间下凹，看起来是黑色的，这些旋涡状气流就是太阳黑子（SunSpot）。太阳黑子是在太阳的光球层上发生的一种太阳活动，是太阳活动中最基本，最明显的活动现象。太阳黑子很少单独活动，常常成群出现。天文学家把太阳黑子最多的年份称为"太阳活动峰年"，太阳黑子最少的年份称为"太阳活动谷年"。太阳黑子产生的带电离子，可以破坏地球高空的电离层，使大气发生异常，还会干扰地球磁场，从而使电讯中断。太阳黑子存在是电离层的年周期变化产生的主要原因之一。研究表明，太阳黑子的平均活动周期为 11.2 年，全球范围内的电离层的电子含量 TEC 也随之呈现出 11 年左右的周期性变化。

太阳 F10.7 指数受到太阳活动的影响，与太阳黑子数密切相关，F10.7 也具有明显的 11 年周期变化特性，和准 27 天的太阳自转周变化。太阳射电流量采用 F10.7，单位是 sfu（solar flux unit），$1 sfu = 10^{-22} m^{-2} Hz^{-1}$，根据 F10.7 的大小将太阳活动分为 3 个等级，即 F10.7>150sfu，100sfu<F10.7<150sfu，F10.7<100sfu。这 3 个等级分别代表强太阳活动，中等太阳活动和弱太阳活动。

在很多电离层预测模型中，将太阳黑子数或者 F10.7 指数当做影响电离层 TEC 的一个重要输入参数。本书分别研究了太阳黑子数、F10.7 和电离层 TEC 的周期，并对三者之间的关系做了初步研究。

3.2.2　太阳活动周期的探测

电离层的周期变化主要受到太阳的影响，太阳的活动周期保持良好的一致性。本书首先对太阳黑子数的周期性进行了分析。所用的数据是源自比利时皇家天文台（SIDC）1849~2013 年 3 月的太阳黑子数据，采样间隔为 1 天，时间跨度 164 年，共 59959 天的数据。得到太阳黑子时间序列图，如图 3-1 所示。

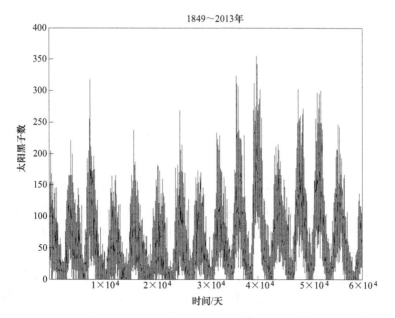

图 3-1　1849~2013 年 3 月太阳黑子数序列

本书对 164 年的数据序列进行快速傅里叶变化，将其从时间域转化到频率域上，如图 3-2 所示。

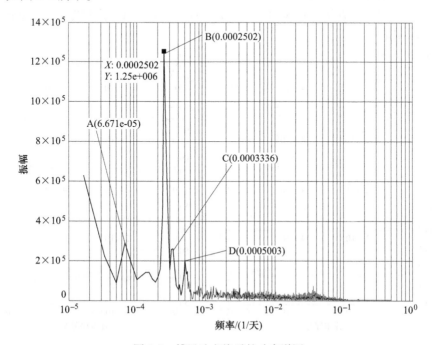

图 3-2　傅里叶变换后的功率谱图

从图 3-2 可以看出 A、B、C、D 4 个明显的波峰，对应的频率和周期如表 3-1 所示。

表 3-1　A、B、C、D 对应的频率和周期

序号	频率/(1/天)	周期/天	周期/年
A	0.00006671	14990.26	41.07
B	0.0002502	3996.80	10.95
C	0.0003336	2997.60	8.21
D	0.0005003	1998.80	5.48

然而，利用对原始数据进行傅里叶变换，转到频率域探测的周期只是一些较为显著的长周期，那些较弱的短周期被淹没在噪声里，不能被探测出来。为了探测出较弱的短周期，本书采用小波多尺度分解和傅里叶变换相结合的方法。具体做法是：利用 Daubechies 3 小波对太阳黑子数时间序列进行多尺度分解，并保留各层的分解系数；然后，对小波分解系数进行赋值处理、小波重构，得到了各层逼近信号（低频）和细节信号（高频）。从第一层开始，对每一层的细节信号进行傅里叶变换，得到细节信号的频谱图，虽然细节信号中含有弱周期量和噪声，但是，我们只取频率谱中振幅最大的一个频率，很有把握的把它作为原始数据对应的一个周期，即每层只提取一个周期，依次类推。

按照上文中的方法，对太阳黑子数时间序列进行了 12 层小波分解，如图 3-3 和图 3-4 所示。

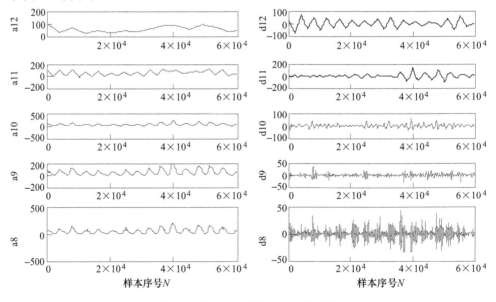

图 3-3　第 8~12 层的小波分解结果

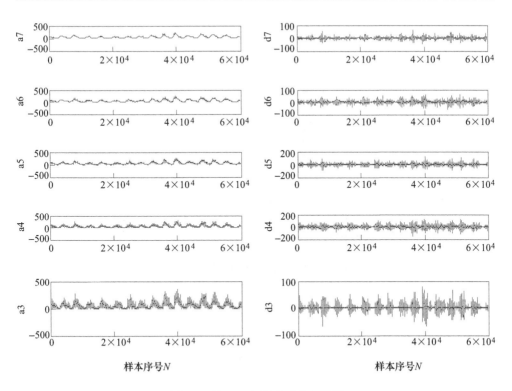

图 3-4　第 3~7 层的小波分解结果

从图 3-3、图 3-4 可以看出，随着层数的增加，逼近信号逐渐趋于平缓，细节信号亦趋于平缓。可见，层数愈多，逼近信号中的高频信息丢失，对应的周期逐渐增大。

然后，本书分别对 12 层的细节信号进行了傅里叶变换，得到 12 幅频谱图，每幅图只取了振幅最大的频率。如图 3-5~图 3-7 所示。

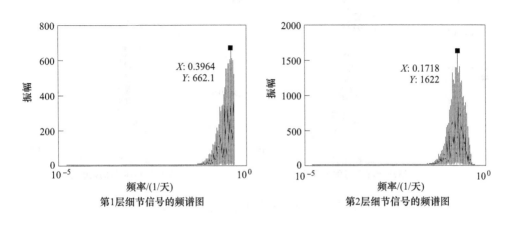

第1层细节信号的频谱图　　　　第2层细节信号的频谱图

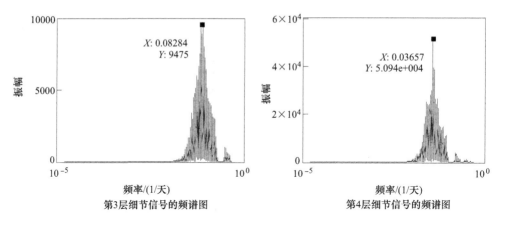

图 3-5   第 1~4 层的细节信号的频谱图

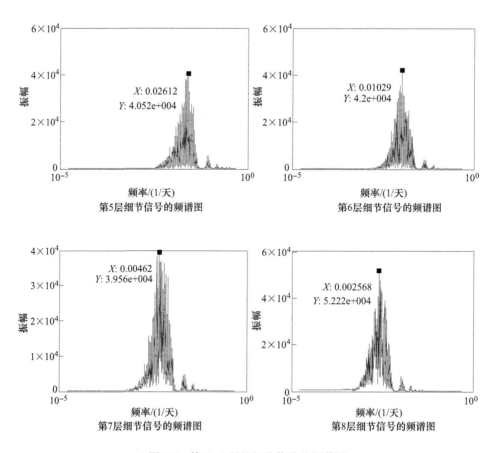

图 3-6   第 5~8 层的细节信号的频谱图

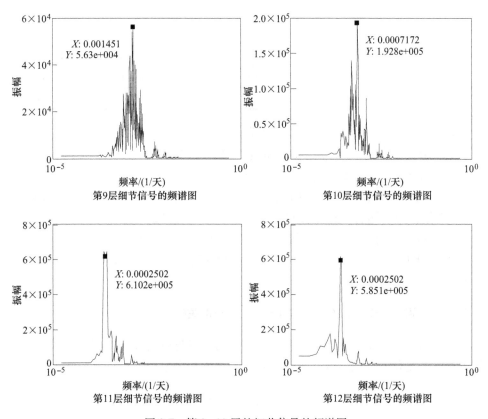

图 3-7　第 9~12 层的细节信号的频谱图

　　将 9~12 层对应的频率和振幅统计到表 3-2 中，分析周期和周期的强弱等信息。

表 3-2　频率统计图

序号	频率/(1/天)	周期/天	周期/年	振幅
1	0.3964	2.52	—	662.1
2	0.1718	5.82	—	1622
3	0.08284	12.07	—	9475
4	0.03657	27.34	—	50940
5	0.02612	38.28	—	40520
6	0.01029	97.18	—	42000
7	0.00462	216.45	—	39560
8	0.002568	389.41	1.06687151	52220
9	0.001451	689.18	1.88816404	56300

序号	频率/(1/天)	周期/天	周期/年	振幅
10	0.0007172	1394.31	3.82003071	192800
11	0.0002502	3996.80	10.950144	610200
12	0.0002502	3996.80	10.950144	585100

表 3-2 中显示对第 11 层以后的细节信号进行快速傅里叶变换得到的频谱的频率最大值稳定在 0.0002502。这也是论文选择小波分解到 12 层的原因。

综合表 3-1 和表 3-2，我们可以得出以下结论：

（1）太阳黑子数出现的长周期有：41 年、11 年、8.2 年、5.5 年、3.8 年、2 年和 1 年；短周期有 216 天、97 天、38 天、27 天、12 天、5.8 天和 2.5 天。

（2）从周期的振幅中可以看出，长周期中 11 年周期对应的振幅最大，短周期中 27.3 天周期对应的振幅最大。因此，11 年和 27.3 天为太阳黑子数的显著周期。

3.2.3　电离层 TEC、F10.7 和太阳黑子数的相关性

为了精确了解变量间的相关程度，需要对变量进行统计分析求出描述变量间相关程度与变化方向的量数，即相关系数。样本相关系数 γ 的计算公式为：

$$r_{XY} = \frac{\sum_{i=1}^{N} (X_i - \overline{X})(Y_i - \overline{Y})}{\sqrt{\sum_{i=1}^{N} (X_i - \overline{X})^2} \sqrt{\sum_{i=1}^{N} (Y_i - \overline{Y})^2}}$$

式中，X、Y 为两组数据；$\overline{X}$ 和 $\overline{Y}$ 表示这两组数据的平均值；r_{XY} 为这两组数据的相关系数。

相关系数 r 的值介于 −1 与 +1 之间，即 $-1 \leqslant r \leqslant +1$。其性质如下：

（1）当 $r > 0$ 时，表示两变量正相关，$r < 0$ 时，两变量为负相关。

（2）当 $|r| = 1$ 时，表示两变量为完全线性相关，即为函数关系。

（3）当 $|r| = 0$ 时，表示两变量间无线性相关关系。

当 $0 < |r| < 1$ 时，表示两变量存在一定程度的线性相关。且 $|r|$ 越接近 1，两变量间线性关系越密切；$|r|$ 越接近于 0，表示两变量的线性相关越弱。

一般可按三级划分：$|r| < 0.4$ 为低度线性相关；$0.4 \leqslant |r| \leqslant 0.7$ 为显著性相关；$0.7 \leqslant |r| \leqslant 1$ 为高度线性相关。

本书采用的电离层 TEC 数据来源于 IGS 电离层格网数据。由于该数据是从 1988 年开始发布的，此次仅用到 1988~2012 年的 15 年数据。原始数据为采样间隔为 2h 的全球电离层格网数据，为了计算方便，本书求得每天的全球电离层平

均值组成一个新的时间序列，采样间隔变成了 1 天。本书同样选取了 1988～2012 年的 15 年的太阳黑子数和太阳 F10.7 指数，采样间隔都是 1 天。三者数据的时间序列如图 3-8 所示。

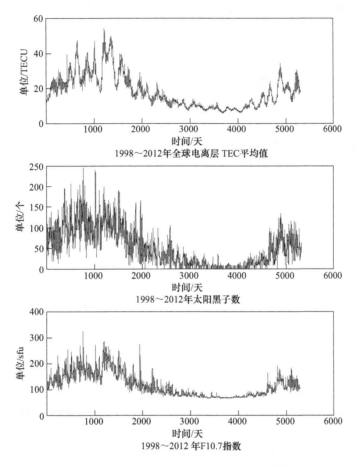

图 3-8　15 年 TEC、F10.7 和 SunSpot 变化图

从图 3-8 可以看出，电离层 TEC、太阳黑子数和太阳 F10.7 指数三者的变化趋势大致相同。为了研究三者的具体关系，本书求得电离层 TEC、太阳黑子数和太阳 F10.7 指数三者的相关性，如表 3-3 所示。

表 3-3　F10.7、SunSpot 和 TEC 之间的相关性

R	F10.7	SunSpot	TEC
F10.7	1	0.9422	0.8548
SunSpot	0.9422	1	0.785
TEC	0.8548	0.785	1

由表 3-3 可以看出，F10.7、SunSpot 和 TEC 之间的相关系数在 0.785 ~ 0.9422 之间，所以三者属于高度线性相关。

3.2.4　电离层 TEC、F10.7 和太阳黑子数三者周期的比较

本书同样选取了 1988 ~ 2012 年的 IGS 电离层格网数据、太阳黑子数和太阳 F10.7 指数，采样间隔均为 1 天。

同本书前面探测太阳黑子数周期的方法一样，我们采用小波多尺度分解和傅里叶变换相结合的方法。

利用 Daubechies3 小波对 TEC 时间序列进行 12 层分解，并保留各层的分解系数，经过赋值处理和小波重构，得到各层逼近信号和细节信号，然后对 1~12 层的细节信号进行傅里叶变换。得到的结果如图 3-9 ~ 图 3-11 所示。

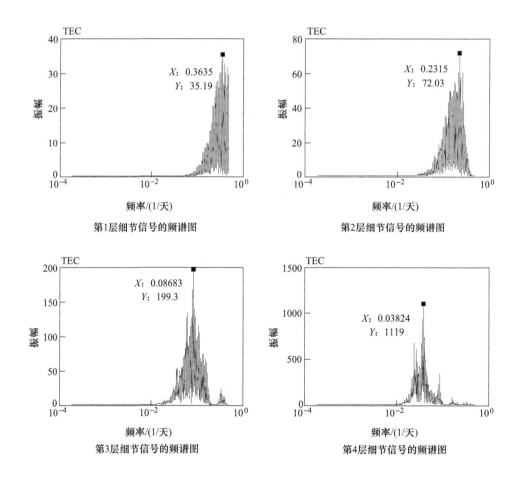

图 3-9　第 1~4 层的细节信号的频谱图

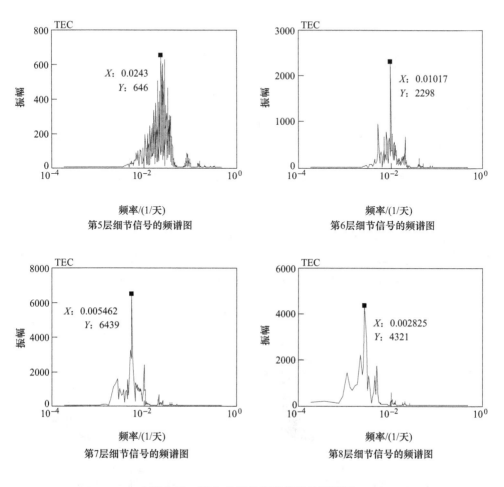

图 3-10　第 5~8 层的细节信号的频谱图

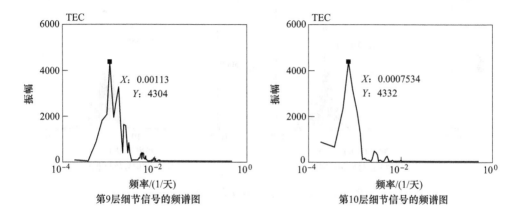

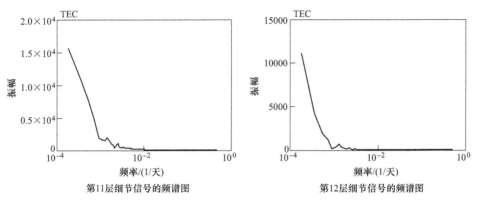

第11层细节信号的频谱图　　　　　　第12层细节信号的频谱图

图 3-11　第 9~12 层的细节信号的频谱图

利用 Daubechies3 小波对 F10.7 指数时间序列进行 12 层分解，并保留各层的分解系数，经过赋值处理和小波重构，得到各层逼近信号和细节信号，然后对 1~12 层的细节信号进行傅里叶变换。得到的结果如图 3-12~图 3-14 所示。

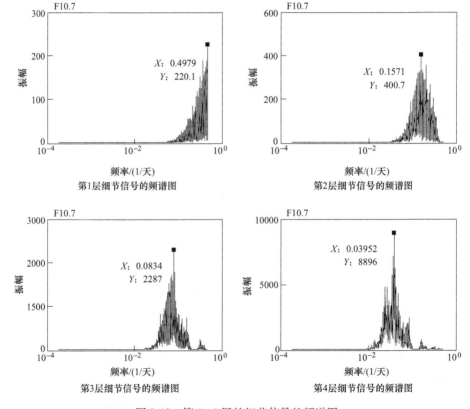

第1层细节信号的频谱图　　　　　　第2层细节信号的频谱图

第3层细节信号的频谱图　　　　　　第4层细节信号的频谱图

图 3-12　第 1~4 层的细节信号的频谱图

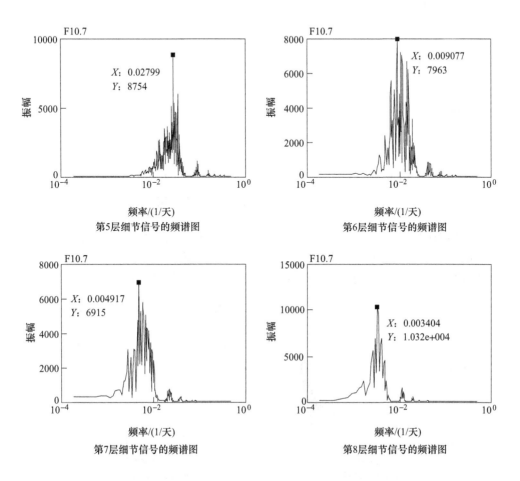

图 3-13 第 5~8 层的细节信号的频谱图

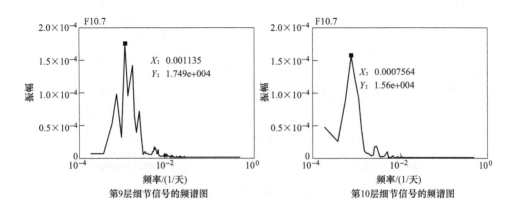

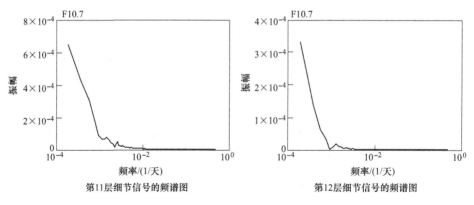

图 3-14　第 9~12 层的细节信号的频谱图

利用 Daubechies3 小波对太阳黑子数（SN）时间序列进行 12 层分解，并保留各层的分解系数，经过赋值处理和小波重构，得到各层逼近信号和细节信号，然后对 1~12 层的细节信号进行傅里叶变换。得到的结果如图 3-15~图 3-17 所示。

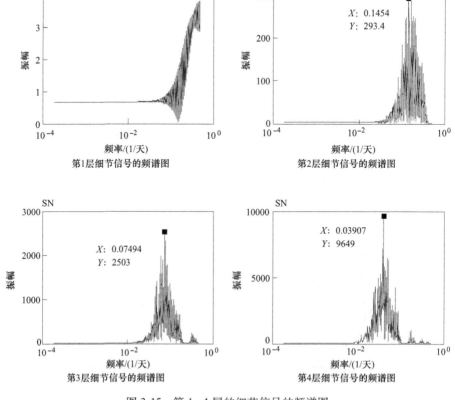

图 3-15　第 1~4 层的细节信号的频谱图

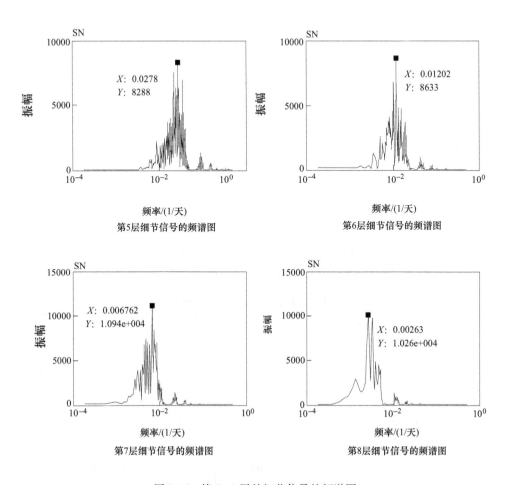

图 3-16 第 5~8 层的细节信号的频谱图

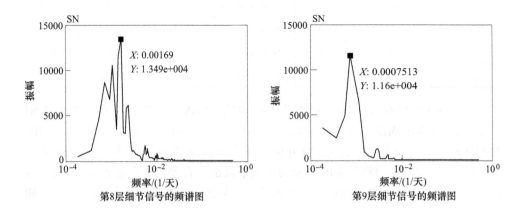

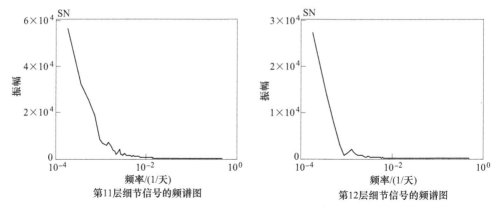

图 3-17　第 9~12 层的细节信号的频谱图

取图 3-9~图 3-17 中每一层细节信号频谱图中的振幅最大的频率，得到 TEC、F10.7 和太阳黑子数（SN）的具体周期数值，总结起来，如表 3-4 所示。

表 3-4　TEC、太阳黑子数和 F10.7 的周期统计

层数	TEC		SunSpotNumber		F10.7	
	频率/(1/天)	周期/天	频率/(1/天)	周期/天	频率/(1/天)	周期/天
1	0.363500	2.8	—		0.497900	2.0
2	0.231500	4.3	0.145400	6.9	0.157100	6.4
3	0.086830	11.5	0.074940	13.3	0.083400	12.0
4	0.038240	26.2	0.039070	25.6	0.039520	25.3
5	0.024300	41.2	0.027800	36.0	0.027990	35.7
6	0.010170	98.3	0.012020	83.2	0.009077	110.2
7	0.005462	183.1	0.006762	147.9	0.004917	203.4
8	0.002825	354.0	0.002630	380.2	0.003404	293.8
9	0.001130	885.0	0.001127	887.3	0.001135	881.1
10	0.000750	1333.3	0.000750	1333.3	0.000756	1322.8

从表 3-4 可以看出，TEC 的 26.2 天的周期，F10.7 的 25.3 天的周期和太阳黑子数 25.6 天的周期三者相差不大，且从图 3-9~图 3-17 中可以看出三者周期的振幅比较大，这与前文中利用 164 年的大量数据探测到的太阳黑子数的 27 天周期保持一致。此外，TEC、F10.7 和太阳黑子数都具有 885 天左右和 1333 天的周期。三者的其他周期之间只存在较小的差异。分析三者周期序列的相关系数，如表 3-5 所示。

表 3-5 TEC、SunSpotNumber 和 F10.7 周期序列的相关系数

r	TEC	SunSpotNumber	F10.7
TEC	1	0.97914	0.99888
SunSpotNumber	0.97914	1	0.97524
F10.7	0.99888	0.97524	1

从表 3-5 中可以看出，三者周期序列具有高度线性相关性，三者周期保持一致。

3.3 电离层的季节变化规律研究

本书利用 IGS 提供的 2012 年全年的电离层格网数据，分析了电离层的季节性变化规律。首先，将每一采样时段（2 小时）的全球电离层 TEC 求平均值，即可得到每天 13 组 TEC 平均值，共 365 天的数据。然后，绘制出全球电离层 TEC 日平均值的季节变化图，如图 3-18 所示。

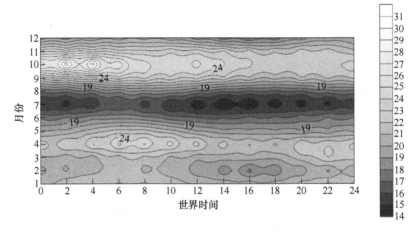

图 3-18 2012 年全球电离层 TEC 日平均值的季节变化图

本书将 12 月、1 月、2 月作为冬季，将 3、4、5 月作为春季；将 6、7、8 月作为夏季；9、10、11 月作为秋季。从图 3-18 中可以看到全球 TEC 平均值在春季（4 月份）和秋季（10 月份）出现了 2 个明显的峰值，远大于冬季和夏季的全球 TEC 平均值。4 月份和 10 月份的 2 个峰值比较，可以看出，10 月份的全球 TEC 平均值要大于 4 月的峰值。夏季，特别是 7 月份，全球 TEC 平均值最低。此外，冬季的全球 TEC 平均值要大于夏季的全球 TEC 平均值。

每年 1 月初，地球位于绕日公转轨道的近日点，日地距离达到最小值，约为 1.471 亿千米。每年 7 月初，地球位于绕日公转轨道的远日点，日地距离达到最大值，约为 1.521 亿千米。由此可以推断日地距离是影响电离层季节变化的主要

因素之一，7 月份全球 TEC 平均值达到最小值，与此时日地距离达到最大值吻合很好。但是，4 月份和 10 月份出现的 TEC 峰值，且与 1 月份的近日点不相符合。由此可见，还存在其他的因素影响着电离层的季节变化。

以上为全球电离层 TEC 天平均值的季节变化分析，下面我们研究全球不同地点上的电离层垂直方向的总电子含量简称 VTEC，（以下表示为 VTEC）的季节变化。数据依然是 IGS 提供的 2012 年全年的电离层格网数据。本书取东经 115°经线上北纬 60°、北纬 30°、赤道、南纬 30°、和南纬 60°的 5 个特殊点，研究了不同纬度上空电离层 TEC 的季节变化。如图 3-19~图 3-23 所示。通过图 3-19~图 3-23 可以看出，随着纬度的降低电离层 TEC 出现减小的趋势。东经 115°的地方时与世界时间相差 8 个小时，世界的 12~24 时为东经 115°处的夜间，从图 3-19~3-23 可以看出，即使是夜间，春秋季的电离层 TEC 值依然大于夏季和冬季的。但是，夜间冬季与夏季的 TEC 差异消失了。从图 3-21 还可以看到，赤道上空电离层 TEC 春季和秋季的峰值无明显差异。

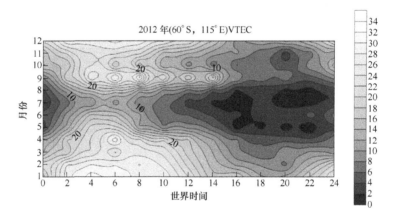

图 3-19   （60°S，115°E）点上 2012 年月 VTEC 变化

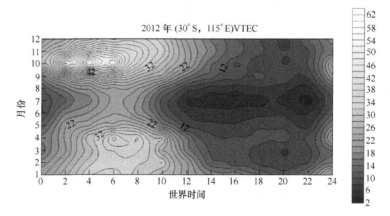

图 3-20   （30°S，115°E）点上 2012 年月 VTEC 变化

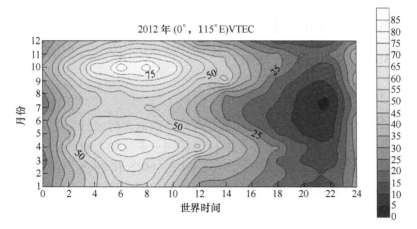

图 3-21　(0°，115°E) 点上 2012 年月 VTEC 变化

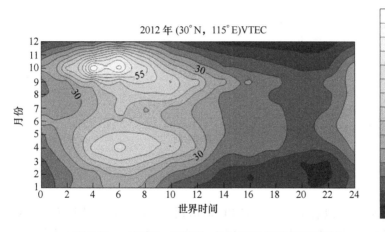

图 3-22　(30°N，115°E) 点上 2012 年月 VTEC 变化

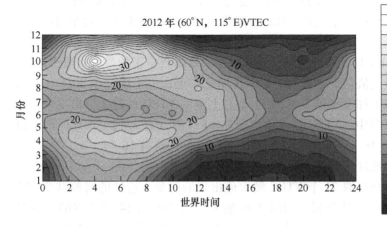

图 3-23　(60°N，115°E) 点上 2012 年月 VTEC 变化

3.4　电离层的日变化规律

3.4.1　IGS 分析 TEC 日变化规律

3.4.1.1　TEC 极值出现时刻的研究

本书采用 IGS 格网数据分析了电离层 VTEC 随地方时间的变化规律。为了研究的更具代表性，本书取 2011 年 3 月 21 日的同一条经线上的 9 个点，纬度分别是 $80°N$、$60°N$、$40°N$、$20°N$、$0°$、$20°S$、$40°S$、$60°S$ 和 $80°S$，经线固定为本初子午线。利用 IGS 提供的这 9 个点的数据，绘制出了 VTEC 随当地时间变化的曲线图，如图 3-24 所示。

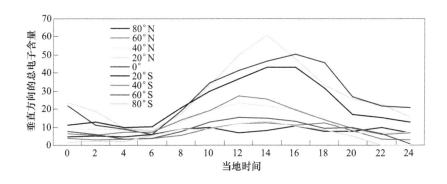

图 3-24　VTEC 与地方时间的关系

从图 3-24 中可以看出，夜间 VTEC 值达到最小值，且变化较为平缓；白天从大约当地时间 7 时左右 VTEC 值开始增大，到 12~16 时之间达到最大值。下午至黄昏，随太阳辐射的减弱，VTEC 急速下降，大约 20 时曲线的下降斜率出现一个转折点，这说明日落以后 VTEC 值减少速率明显变得平缓，最小值出现在日出前 5~6 时之间。

Klobuchar 模型将白天的时延看成是余弦函数中正的部分，取当地时间 14 时为 VTEC 最大值是不准确的。为了说明这一点，本书统计了 2011 年 3 月 21 日，本初子午线上纬度每隔 $2.5°$ 的 71 个点上空的 VTEC 的最大值出现的时刻，如图 3-25 所示。其中，VTEC 最大值出现在 14 时的点有 33 个，VTEC 最大值出现在 12 时的点有 16 个，VTEC 最大值出现在 16 时的点有 16 个。

为了使统计更具代表性，本书取这 71 个点上的 2011 年全年 365 天的 VTEC 数据，每天可提取 71 个 VTEC 最大值出现的时刻，这样的时刻共 25915 个。对这些时刻进行统计分析，如图 3-26 所示。当地时间 14 时出现的次数最多，为 7678 个；12 时出现的次数为 5912 个，16 时出现的次数为 3790 个。

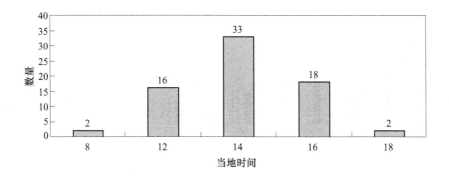

图 3-25　71 个点一天中 VTEC 出现最大值的时刻统计

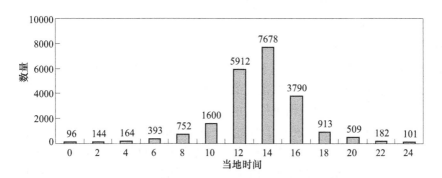

图 3-26　71 个点全年 VTEC 出现最大值的时刻统计

以上统计分析充分说明，在建立电离层模型时，将当地时间 14 时作为 VTEC 最大值出现的时刻是不准确的。

3.4.1.2　夜间 TEC 值的研究

为了研究方便，本书在顾及季节变化的前提下，取夜间时间的 22 时至次日 5 时（当地时间）的子区间进行研究。利用 IGS 格网数据，对 2000～2012 年的四季点的全球夜间平均电离层 TEC 数据进行统计。

图 3-27 中，每年的春分、夏至、秋分和冬至时夜间全球平均 TEC 值分别由四种图例表示。从图 3-27 中可以看出，每年中不同季节夜间电离层 TEC 平均值也不同，冬季的夜间电离层要大于夏季的。此外，太阳活动高峰年和太阳活动低峰年之间，夜间电离层 TEC 值相差很大，从图 3-27 可以看出，在 2000～2002 年太阳活动高峰年，夜间电离层 TEC 平均值在 17 个 TECU 左右；2006～2009 年太阳活动低峰年，夜间电离层 TEC 平均值仅在 5TECU 左右。由此可见，在 Klobuchar 模型中，将夜间电离层延迟视为常数 5TECU 是不准确的。

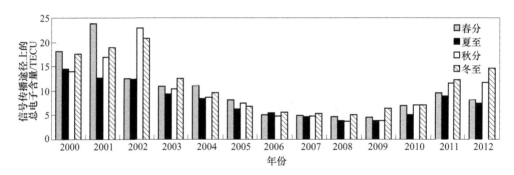

图 3-27　　2000～2012 年四季点夜间全球电离层 TEC 平均值

3.4.2　北斗 GEO 卫星监测电离层的日变化周期

北斗 GEO 卫星在赤道上空相对地球是同步（静止）的，因此对地球的覆盖区域保持不变，可以提供约地球表面 38.2% 大范围的覆盖。GEO 卫星在区域导航服务方面具有明显优势，卫星利用率高，通信卫星大多采用 GEO 卫星，该类卫星也广泛应用于全球卫星导航系统的区域增强系统。

以往的利用 GPS 观测数据进行的电离层延迟研究，由于 GPS 卫星的轨道高度低，卫星运动速度快，卫星相对于地面某一测站的位置变化较大。因此，无法持续的观测某一特定电磁波信号传播路径或某一特定区域的电离层变化。而 COMPASS 系统则可以很好的解决这个问题。由于 GEO 卫星的运动特点，当在地面某一固定测站架设接收机，对 GEO 卫星进行观测时，卫星和接收机之间的电磁波传播路径基本保持不变，可以持续的监测某一信号传播路径上的电离层变化。

本书采用天宝 R9 型接收机于 2012 年 7 月采集的数据，观测历元（世界时）：2012 年 7 月 11 日 8h25min1.00s～2012 年 7 月 16 日 1h19min0.00min，时长约为 113 小时，采样间隔 30 秒。数据的时间序列如图 3-28 所示。

由图 3-28 可以粗略的看出电离层具有日周期变化，无法总结出 1 天以内的较短周期性变化。因此，本书对 TEC 数据进行傅里叶变换，将其转换到时域上，以分析数据的周期性。如图 3-29 所示。

从图 3-29 中可以看出明显的几个波峰，分别将它们提取并转化为周期，如表 3-6 所示。

表 3-6　电离层 TEC 日变化周期

序号	频率/(1/30Hz)	周期/30s	周期/1h
1	0.0003695	2706.36	22.55
2	0.0006651	1503.53	12.53
3	0.001035	996.18	8.30

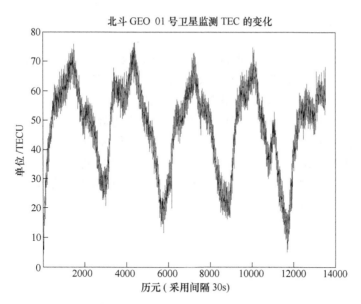

图 3-28 利用北斗 GEO 计算的时长约为 113 天的 TEC

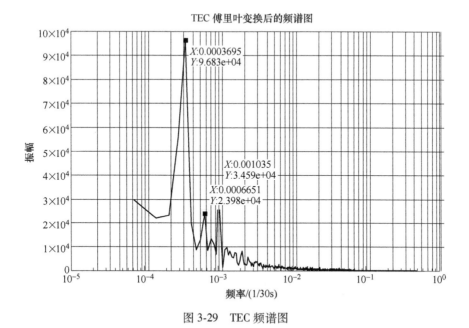

图 3-29 TEC 频谱图

由表 3-6 可以看出，电离层日变化存在 22.55 时、12.53 时和 8.30 时 3 个显著的周期，分别对应着 1 天、半天和 1/3 天的变化。在建立电离层模型时，建议将按照这 3 个周期将一天中的当地时间分成 3 个分量考虑。

3.5　本章小结

　　本章主要研究了电离层随时间的变化规律，包括太阳黑子、太阳 F10.7 指数和电离层 TEC 的变化周期的探测，太阳黑子、太阳 F10.7 指数和电离层 TEC 三者的相关性研究和电离层的日变化规律。用到的主要方法有小波多尺度分解和傅里叶变化，以及北斗 GEO 卫星监测电离层的日变化规律。通过实验研究发现太阳黑子、太阳 F10.7 指数和电离层 TEC 三者具有很强的相关性，具有相同的变化周期。本书探测出了三者的 11 年和 27 天的显著性周期和其他的一些较弱的短周期。此外，还探测出了电离层 TEC 的 1 天、半天和 1/3 天的周期。为电离层模型的建立提供的有价值的参考。

4 电离层空间变化规律研究

4.1 电子含量随经纬度的变化规律

本书选取 2011 年的春分点、夏至点、秋分点和冬至点在世界时间 12 时的 IGS 数据，以达到对不同季节的 TEC 随经纬度的变化规律进行研究的目的。

首先研究了 TEC 随纬度变化的规律，本书将某纬度上从 180°W 到 180°E 电离层变化的 73 个数据（每隔 5°一个）组成一个 TEC 数据子序列，然后将从 87.5°N 到 87.5°S 的所有 71 个子序列（每隔 2.5°一个）组成 TEC 数据序列进行数据分析。2011 年春分、夏至、秋分和冬至 12:00 全球 VTEC 随纬度的变化，如图 4-1~图 4-4 所示。图中横轴中的正值代表北纬，负值代表南纬；图像每个 73 个单位为一个区间，共有 71 个区间，区间内部为同一条纬度上的经度变化。

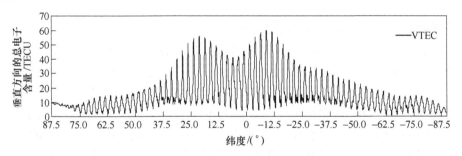

图 4-1　2011 年春分 12:00（UTC）全球 VTEC 随纬度的变化

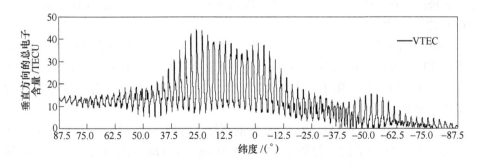

图 4-2　2011 年夏至 12:00（UTC）全球 VTEC 随纬度的变化

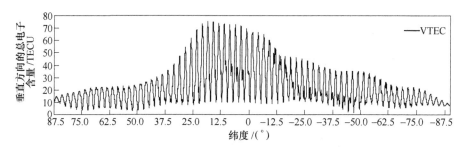

图 4-3　2011 年秋分 12：00（UTC）全球 VTEC 随纬度的变化

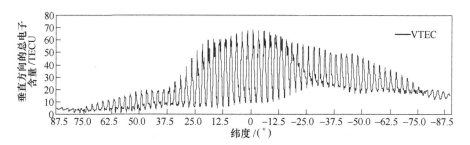

图 4-4　2011 年冬至 12：00（UTC）全球 VTEC 随纬度的变化

从图 4-1~图 4-4 中可以得出以下结论：

（1）从高纬度到低纬度，VTEC 呈现递减的趋势，但最大值并未出现在赤道上空，而是在大致出现在赤道两侧的南北纬 20°附近。这一现象在下一节讨论。

（2）春分与秋分时，南北半球的 VTEC 大致对称，但夏至和冬至并不对称。夏季北半球的 VTEC 值明显大于南半球，冬季南半球的 VTEC 值明显大于北半球。从图 4-2 可以看出，夏至时，南极圈内（66°34′S 以南的区域）上空的 VTEC 最大值在 5TECU 左右，最小值接近 0，符合夜间电离层的活动规律，这是与夏至南极圈内的极夜现象相符合。同样的情况，图 4-4 所示，冬至太阳直射南回归线，北极圈（66°34′N 以北的区域）内出现极夜现象，上空的 VTEC 也在 0~5TECU 之间波动。

（3）从图 4-2 和图 4-4 中可以看出，夏季的 VTEC 最大值在 40TECU 左右，且中高纬度的 VTEC 在 20TECU 以下，而冬季的 VTEC 最大值接近 70TECU，中高纬度的 VTEC 值大部分集中在 10~50TECU。这一现象与前文中分析的冬季异常是保持一致的。

接着，本书研究了 TEC 随经度变化的规律，将某纬度上从 87.5°N 到 87.5°S 电离层变化的 71 个数据（每隔 2.5°一个）组成一个 TEC 数据子序列，然后将从 180°W 到 180°E 的所有 73 个子序列（每隔 5°一个）组成 TEC 数据序列进行数据分析。同样采用 2011 年春分、夏至、秋分和冬至 12：00 全球 VTEC 数值来研究其随经度的变化，如图 4-5～图 4-8 所示。图中横轴中的正值代表东经，负值代表西经；图像每 71 个单位为一个区间，共有 73 个区间，区间内部为同一条经度上的纬度变化。

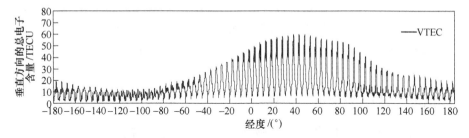

图 4-5　2011 年春分 12:00（UTC）全球 VTEC 随经度的变化

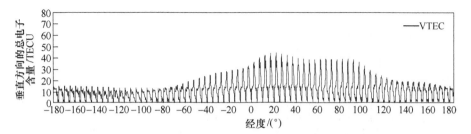

图 4-6　2011 年夏至 12:00（UTC）全球 VTEC 随经度的变化

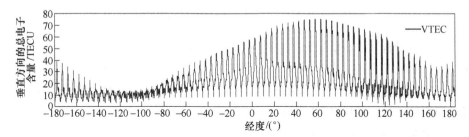

图 4-7　2011 年秋分 12:00（UTC）全球 VTEC 随经度的变化

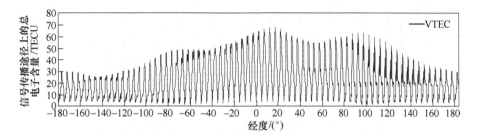

图 4-8　2011 年冬至 12:00（UTC）全球 VTEC 随经度的变化

从图 4-5～图 4-8 中可以得出以下结论：

（1）在春分和秋分的世界时间 12:00 时，VTEC 的最大值出现在东经 40°附近，此处的地方时间为 14:30 左右，这符合 TEC 最大值出现在地方时间 14 时左右的规律；在夏至和冬至的世界时间 12:00 时，VTEC 的曲线出现了 2 个峰值，一个在东经 20°附近，另一个在东经 90°附近，对应的地方时间分别是 13:30 左右和 20:00。

（2）春夏秋三季的 VTEC 的白天和晚上的变化幅度很大，出现了明显的峰值，夜间的 VTEC 一般在 10TECU 以下，但是冬季的 VTEC 的全天的变化幅度较为平缓，夜间的 VTEC 最高可达 30TECU。

4.2　南北半球电子含量的差异

本书利用 2000~2012 年的 IGS 格网数据，计算了每年南北半球的 TEC 年平均值，结果如图 4-9 所示。

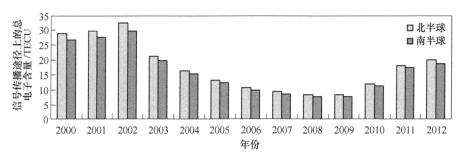

图 4-9　2000~2012 年南北半球 TEC 年平均值

这 13 年的数据跨越一个电离层的 11 年周期，因此得出的结论更具代表性。从图 4-9 中可以看出，北半球的 TEC 年平均值大于南半球的 TEC 年平均值。为了研究南北半球 TEC 年平均值的具体差异，本书求得了每年南北半球 TEC 年平均值的相对差异，如图 4-10 所示。

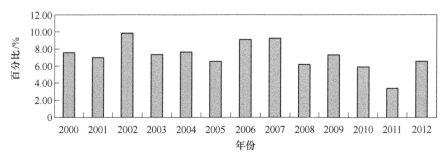

图 4-10　2000~2012 年南北半球 TEC 年平均值的相对差

从图 4-10 可以看出除了 2011 年的 TEC 平均值的相对差在 4%以下外，其他的 TEC 平均值的相对差大体一致。通过计算可知，这 13 年南北半球 TEC 年平均值相对差的平均值为 7.23%。

　　虽然在不同的年份的不同的季节，南北半球的 TEC 差异不同，在冬季南半球的 TEC 大于北半球，在夏季刚好相反。但是，不同年份的南北半球的年平均 TEC 的相对差值基本保持稳定，在 7.23% 左右。在建立全球电离层模型时，应考虑到南北半球 TEC 的这一重要差异。

　　为了进一步研究南北半球的差异，本书利用 2012 年全年的 IGS 格网数据，选取了北纬 80°、北纬 40°、北纬 5°、南纬 5°、南纬 40° 和南纬 80°，经度固定为 0° 子午线。共 3 对关于赤道对称的点，每个点全年共 4745 个 VTEC 数据，得到 3 组 VTEC 的时间序列图，如图 4-11~图 4-13 所示。

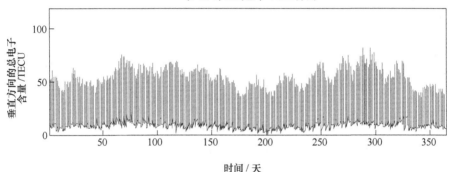

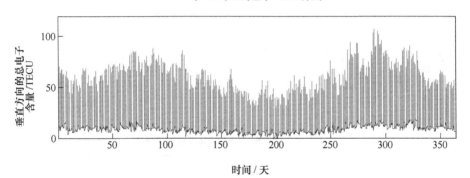

图 4-11　(5°N, 0°) 和 (5°S, 0°) 点上的全年 VTEC 对比

　　从图 4-11~图 4-13 可以看出，低纬度地区南北半球差异不明显，随着纬度的增加这种差异越来越大。南半球在 150~200 天（6~7 月份），TEC 出现低谷；北半球对应的时间，TEC 没有发生太大的变化。

　　分别对高中低纬度的 6 个点上全年的 VTEC 数据进行数理分析，求得它们的平均值、最大值和最小值，如表 4-1 所示。

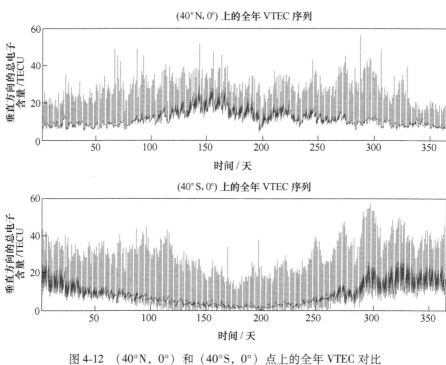

图 4-12　（40°N，0°）和（40°S，0°）点上的全年 VTEC 对比

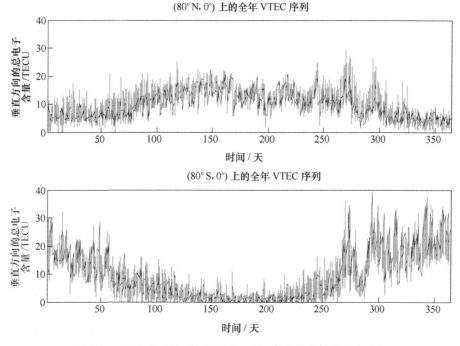

图 4-13　（80°N，0°）和（80°S，0°）点上的全年 VTEC 对比

表4-1 6个测试点上的数值统计表

点位	平均值（TECU）	最小值（TECU）	最大值（TECU）
(5°N, 0°)	30.55	0.4	82.8
(40°N, 0°)	17.57	4.4	56.3
(80°N, 0°)	10.41	0.1	27
(5°S, 0°)	33.42	0.6	107.4
(40°S, 0°)	14.57	0.1	57.4
(80°S, 0°)	8.95	0.1	39.5

由表 4-1 中数据可以看出，以赤道为对称的每对点的年平均值相差均在 3TECU 以内，且北半球的点略高于南半球的点，这与本书前面得出的结论保持一致。

4.3 电子含量的赤道两侧双峰异常现象的研究

4.3.1 双峰异常出现的时间和地理范围研究

本书取 2011 年春分时 180°W 经线上从当地时间 0 时到 24 时的 IGS 格网数据，绘制该经线上 TEC 在不同时间随纬度的变化规律，旨在呈现赤道两侧的 TEC 双峰现象，如图 4-14 所示。

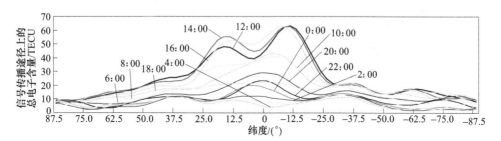

图4-14 赤道两侧的 TEC 双峰现象

从图 4-14 可以看出，白天赤道两侧会出现双峰现象，且在当地时间 12～16 时之间比较明显，晚上 TEC 随纬度变化平缓，不存在双峰异常现象。

本书利用 2011 年全年的 IGS 数据，取每天 12 时、14 时和 16 时的 180°W 经线上 TEC 值，计算了这 3 个时刻对应 TEC 双峰处的纬度，统计了 180°W 经线上 TEC 双峰出现的纬度范围，如图 4-15 所示。

由图 4-15 可以看出北半球峰值出现的范围在 2.5°～22.5°N 之间，南半球 TEC 峰值出现的范围在 0°～12.5°S 之间，TEC 赤道双峰异常现象并不对称，北半球的异常区域大于南半球。此外，随着时间的变化，北半球峰值区域基本保持不

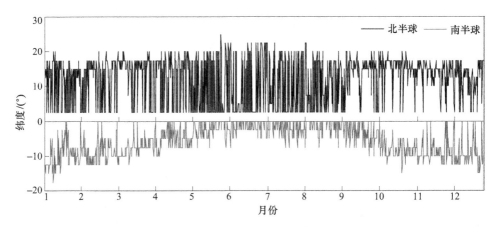

图 4-15　2011 年赤道两侧 TEC 双峰异常出现的纬度范围

变，在 2.5°~22.5°N 之间；南半球的峰值区域变化很大，1~3 月和 10~12 月的峰值区域纬度跨度为 0°~12.5°S，4~9 月纬度跨度仅在 0°~5°S 之间。

对南北半球峰值出现的纬度频率进行统计，由图 4-16 和图 4-17 可以看出，

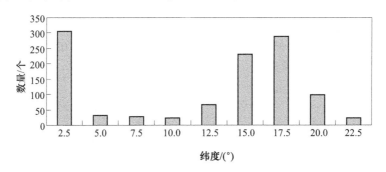

图 4-16　北半球 TEC 峰值出现的纬度统计

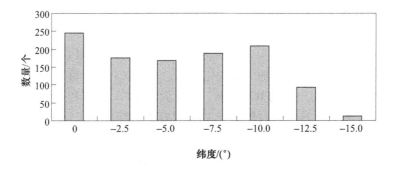

图 4-17　南半球 TEC 峰值出现的纬度统计

TEC 峰值出现的密集区域有 3 个：赤道附近、15°~17.5°N 和 2.5°~10°S。北半球的 TEC 异常峰值密集区域比较集中，而南半球的 TEC 异常峰值密集区域分散在不同的纬度。

4.3.2 双峰异常随时间的平移规律

以 2011 年春分，3 月 21 日为例，取这一天的 0~24 时的 TEC 格网数据，绘制出了全天不同时间上 TEC 双峰异常的位置图。如图 4-18~图 4-23 所示。

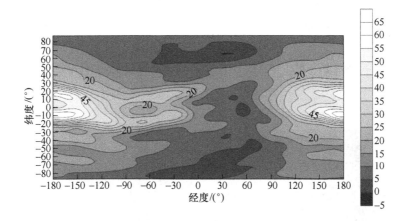

图 4-18　2011 年 3 月 21 日 2:00 全球电离层 VTEC 分布图

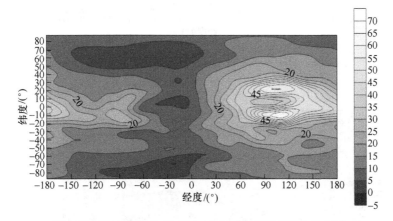

图 4-19　2011 年 3 月 21 日 6:00 全球电离层 VTEC 分布图

从图 4-18~图 4-23 可以看出，TEC 赤道两侧的双峰异常区域随时间自东向西的移动。为了研究峰值区域在移动的过程发生的变化，我们对不同时间的峰值区域的数据进行了分析。

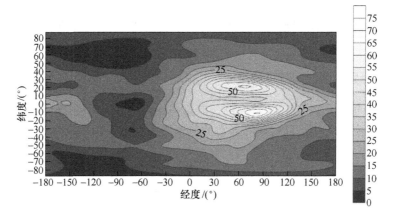

图 4-20　2011 年 3 月 21 日 10:00 全球电离层 VTEC 分布图

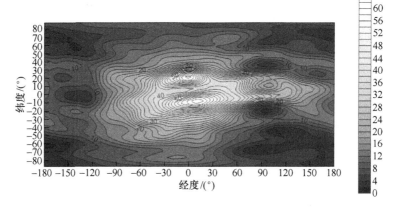

图 4-21　2011 年 3 月 21 日 14:00 全球电离层 VTEC 分布图

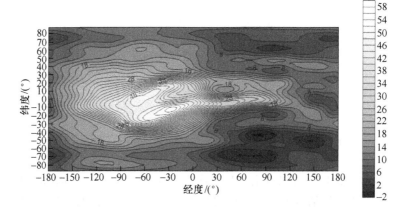

图 4-22　2011 年 3 月 21 日 18:00 全球电离层 VTEC 分布图

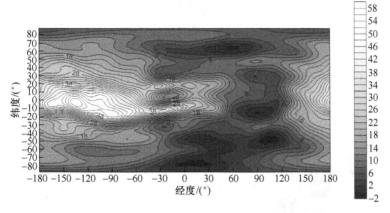

图 4-23　2011 年 3 月 21 日 22:00 全球电离层 VTEC 分布图

根据上文中研究的双峰异常区域纬度跨度约为 30°N~20°S，从图 4-18~图 4-23 中可以看出经度跨度约为 90°。本书取纬度跨度 50°，经度跨度 90°的 50×90 的窗口取代双峰异常区域。为了研究方便，本书称这样的窗口为：双峰窗口。取同一天的 0~24 时的 13 个时刻双峰窗口对应的数据，分析了它们之间的相关性。

所有的双峰窗口的纬度范围均为 30°N~20°S，从图 4-21 可以看出 0°经线赤道附近东西两侧 45°的范围内出现了双峰异常区域，取（45°W~45°E）为 14:00 的双峰窗口的经度范围。以 14:00 的双峰窗口为起始点，时间每增加 2 小时，双峰窗口向西平移 30 个经度；时间每减少 2 小时，双峰窗口向东平移 30 个经度。如表 4-2 所示。

表 4-2　0~24 时 13 个双峰窗口的纬度范围

时刻	双峰窗口的纬度范围
0:00	（165°~180°E）和（180°~105°W）
2:00	（135°~180°E）和（180°~135°W）
4:00	（105°~180°E）和（180°~165°W）
6:00	（75°~165°E）
8:00	（45°~135°E）
10:00	（15°~105°E）
12:00	（15°W~75°E）
14:00	（45°W~45°E）
16:00	（75°W~15°E）
18:00	（105°~15°W）
20:00	（135°~45°W）
22:00	（165°~75°W）
24:00	（180°~105°W）和（165°~180°E）

本书取 2011 年 3 月 21 日和 2011 年 6 月 21 日 2 天 IGS 格网数据，计算了每天 13 个时刻的双峰窗口所对应的 TEC 格网数据的相关系数，结果如表 4-3 和表 4-4 所示。

表 4-3　2011 年 3 月 21 日的 13 个双峰窗口对应的 TEC 格网数据的相关系数

R	0h	2h	4h	6h	8h	10h	12h	14h	16h	18h	20h	22h	24h
0h	1.00	0.81	0.60	0.41	0.26	0.28	0.48	0.56	0.58	0.75	0.85	0.82	0.80
2h	0.81	1.00	0.85	0.56	0.48	0.58	0.73	0.70	0.62	0.59	0.66	0.76	0.74
4h	0.60	0.85	1.00	0.66	0.43	0.61	0.78	0.60	0.45	0.38	0.39	0.49	0.63
6h	0.41	0.56	0.66	1.00	0.74	0.48	0.73	0.63	0.19	0.00	0.13	0.15	0.20
8h	0.26	0.48	0.43	0.74	1.00	0.77	0.76	0.79	0.41	0.01	0.07	0.11	0.02
10h	0.28	0.58	0.61	0.48	0.77	1.00	0.87	0.74	0.59	0.23	0.16	0.21	0.18
12h	0.48	0.73	0.78	0.73	0.76	0.87	1.00	0.83	0.53	0.32	0.31	0.35	0.36
14h	0.56	0.70	0.60	0.63	0.79	0.74	0.83	1.00	0.71	0.36	0.40	0.41	0.34
16h	0.58	0.62	0.45	0.19	0.41	0.59	0.53	0.71	1.00	0.70	0.53	0.49	0.36
18h	0.75	0.59	0.38	0.00	0.01	0.23	0.32	0.36	0.70	1.00	0.88	0.77	0.60
20h	0.85	0.66	0.39	0.13	0.07	0.16	0.31	0.40	0.53	0.88	1.00	0.93	0.77
22h	0.82	0.76	0.49	0.15	0.11	0.21	0.35	0.41	0.49	0.77	0.93	1.00	0.89
24h	0.80	0.74	0.63	0.20	0.02	0.18	0.36	0.34	0.36	0.60	0.77	0.89	1.00

表 4-4　2011 年 6 月 21 日的 13 个双峰窗口对应的 TEC 格网数据的相关系数

R	0h	2h	4h	6h	8h	10h	12h	14h	16h	18h	20h	22h	24h
0h	1.00	0.85	0.63	0.63	0.62	0.55	0.43	0.41	0.52	0.44	0.59	0.88	0.81
2h	0.85	1.00	0.86	0.70	0.69	0.66	0.52	0.49	0.63	0.59	0.53	0.75	0.86
4h	0.63	0.86	1.00	0.88	0.83	0.82	0.69	0.68	0.72	0.65	0.60	0.67	0.76
6h	0.63	0.70	0.88	1.00	0.96	0.90	0.84	0.73	0.58	0.47	0.51	0.67	0.69
8h	0.62	0.69	0.83	0.96	1.00	0.95	0.85	0.61	0.49	0.48	0.52	0.68	0.69
10h	0.55	0.66	0.82	0.90	0.95	1.00	0.86	0.57	0.54	0.56	0.53	0.69	0.73
12h	0.43	0.52	0.69	0.84	0.85	0.86	1.00	0.66	0.35	0.25	0.31	0.54	0.58
14h	0.41	0.49	0.68	0.73	0.61	0.57	0.66	1.00	0.55	0.22	0.32	0.42	0.49
16h	0.52	0.63	0.72	0.58	0.49	0.54	0.35	0.55	1.00	0.71	0.62	0.64	0.72
18h	0.44	0.59	0.65	0.47	0.48	0.56	0.25	0.22	0.71	1.00	0.83	0.64	0.66
20h	0.59	0.53	0.60	0.51	0.52	0.53	0.31	0.32	0.62	0.83	1.00	0.80	0.61
22h	0.88	0.75	0.67	0.67	0.68	0.69	0.54	0.42	0.64	0.64	0.80	1.00	0.89
24h	0.81	0.86	0.76	0.69	0.69	0.73	0.58	0.49	0.72	0.66	0.61	0.89	1.00

表 4-3 和表 4-4 中黑色部分表示相邻时刻的双峰窗口所对应的 TEC 格网数据的相关系数,这些相关系数除了 4h 和 6h 之间的为 0.66 外,其他的都在 0.7,属于高度线性相关。由此看见,双峰异常区域在随时间平移的过程中,没有发生太显著的变化。

4.4 本章小结

本章主要研究了电离层在空间上的变化规律。首先,利用多年和不同季节的 IGS 数据研究了电子含量随经纬度的变化规律,本书分析了半年度异常和冬季异常的现象。其次,通过对 2000~2012 年 IGS 数据的统计,本书分析了南北半球的电子含量的差异,结果发现北半球的年平均 TEC 略高于南半球的年平均 TEC,且这种差异在不同的年份保持稳定,在 7.23% 左右。第三,本书重点分析了 TEC 在赤道两侧出现的异常双峰现象,主要包括异常双峰出现的时间、地理范围以及异常双峰随时间的平移规律。

5　建模数据集及数据预处理

本章主要介绍单站/区域/全球电离层 TEC 经验模型的建模数据来源及数据预处理方法。一般来说，建模数据集主要是指观测数据的集合，是经验模型建立的基础。建模数据的质量及精度直接关系到所建模型的优劣。高质量的建模数据应满足以下几个条件：一是建模数据精度高，能很好地体现出研究对象的物理性质。二是建模数据中应避免粗差存在。三是对于具有周期性规律的研究对象，建模数据集应至少覆盖一个周期的观测。四是建模数据应具有获取方便、持续更新等特点，有利于后人对已有模型进行更新与完善。

对于 TEC 经验模型来说，GIMs 和 GPS-TEC 都是优质的建模数据。目前，GIMs 和 GPS-TEC 已被广泛地应用于建立电离层 TEC 经验模型的研究中（Jakowski et al.，2011；Mukhtarov et al.，2013；Ercha et al.，2012；Wan et al.，2012；Bouya et al.，2010；Habarulema et al.，2010，2011；Chen et al.，2015）。本书同样选取这两种数据作为建模数据集。其中，IGS 发布的 GIMs 主要用来建立区域和全球电离层 TEC 经验模型；GPS-TEC 用来建立单站上空电离层 TEC 经验模型。

本章首先介绍 IGS 组织、联合分析中心、GIMs 产品和 IONEX 数据格式，并分析 GIMs TEC 的精度。其次，综述目前利用 GPS 双频观测值计算 TEC 的算法研究，重点介绍本文采用的 GPS-TEC 算法。第三，根据电离层 TEC 随太阳活动指数、地磁活动指数的变化特性，提出数据预处理的策略。

5.1　全球电离层图 GIMs

5.1.1　IGS 组织

IGS 全称是国际 GNSS 服务，英文全称为 International GNSS Service，前身是1993 年国际大地测量协会（International Association of Geodesy，IAG）组建的国际协作组织。该组织成立的初衷是支持并服务于大地测量和地球动力学研究，随着 GLONASS、北斗卫星导航定位系统等其他全球卫星导航定位系统的建成和投入使用，IGS 也扩大了服务范围。

IGS 组织由卫星跟踪网、资料中心、分析中心、综合分析中心、中央局和管理委员会组成，主要任务是记录并发布全球每个跟踪站的观测资料和各种数据产品。IGS 数据产品主要包括：GPS 和 GLONASS 卫星星历及卫星钟差，其中 GPS

星历分为预报星历（Broacast）、超快星历（Ultra-Rapid）、快速星历（Rapid）和最终星历（Final）；跟踪站的接收机钟差；极移和日长变化；地球自转参数；IGS 跟踪站的坐标及其变化率；各跟踪站天顶方向的对流层延迟；全球电离层延迟信息。

随着 IGS 组织的成立，利用 GPS 观测资料建立区域/全球 VTEC 模型的研究也随之展开（Feltens and Schaer, 1998）。1995 年 5 月和 1996 年 3 月召开的两次 IGS 工作会议提出了相关电离层产品之间进行比较的建议和方案，并比较了当时 4 个机构（CODE、UNB、DLR 和 ESOC）的全球及区域 VTEC 模型（Feltens et al., 1996）。1998 年 5 月，IGS 电离层工作组成立，其主要任务是对电离层 TEC 进行连续监测并研究电离层对 IGS 其他核心数据产品的影响（Feltens and Schaer, 1998；Schaer, 1999）。从 1998 年 6 月开始，IGS 的电离层数据分析中心陆续发布了电离层数据产品，全球二维格网 VTEC 图和对应 RMS 图。目前，电离层产品主要包括预报、快速和最终电离层 TEC 网格图。其中，IGS 电离层最终产品延迟约 9~16 天，快速产品延迟约 1~2 天。

目前，IGS 共有 4 个主要电离层联合分析中心（IAACs）持续地发布 GIMs，分别是美国喷气动力实验室（Jet Propulsion Laboratory, JPL），欧洲定轨中心（Center for Determination in Europe, CODE,），欧洲空间局（European Space Agency, ESA）和西班牙卡塔卢尼亚理工大学（Technical University of Catalonia）。另外，从 1998 年到 2003 年，加拿大自然资源部（Natural Resources Canada, NRCan）也曾是 IGS 电离层联合分析中心的一员。每个电离层联合分析中心所使用的电离层建模方法是不同的，详见文献（Feltens 1998, 2007；Mannucci et al. 1998；Schaer, 1999；Hernández-Pajares et al., 1999；Hernández-Pajares et al., 2009）。

5.1.2 IONEX 数据格式

1995 年以来，IGS 加强了利用 GNSS 观测资料来提取电离层相关信息的工作力度，成立了专门的工作组和数据处理分析中心，制定、公布了电离层信息的数据交换格式 IONEX（Ionosphere Exchange format）。电离层 VTEC 数据存储在 IONEX 格式的文件中。其中，每一个历元描述一幅 GIM 图，经度按照 180°W ~ 180°E 排列，间隔为 5°，纬度按照 87.5°N ~ 87.5°S 排列，间隔为 2.5°，共 5183 个格网点。总的来说，IONEX 格式电离层文件有以下几个特点：电离层格网图以地理框架为基础；每幅电离层格网图属于某个具体时刻；每个文件具体的说明包含在头文件中。从 1998 年开始，IGS 的各电离层联合分析中心陆续提供 IONEX 格式的 VTEC 格网数据。用户可根据时间、经纬度进行内插，获取某时刻任一点的 VTEC 值。

IONEX 的文件名规则为：aaabcccd. yyI。其中，aaa：电离层联合分析中心的代号；b：区域范围代码（"G"表示全球范围的电离层图）；ccc：表示年积日；d：文件序列号（"0"表示文件包含当天的所有数据）；yy：用两位数表示的年份（例如，"99"代表 1999 年；"17"代表 2017 年）；I：文件类型，代表电离层图。

自从 1998 年发布以来，IONEX 格式文件包含的 GIM 数量、起始时间和历元间隔发生过三次变化，如表 5-1 所示，分别是：2002 年第 306 天之前，每天 12 幅全球电离层图，起始时间为 01：00～23：00，间隔为 2h；2002 年第 307 天至 2014 年第 291 天，每天 13 幅全球电离层图，起始时间为 00：00～24：00，间隔为 2h；2014 年第 292 天至今，每天 25 幅全球电离层图，起始时间为 00：00～24：00，间隔为 1h。

表 5-1　1998 年至今的 IONEX 数据格式变化

时间跨度	起始时刻	数量/幅	历元间隔/h
1998（DOY001）～2002（DOY306）	01：00～23：00	12	2
2002（DOY307）～2014（DOY291）	00：00～24：00	13	2
2014（DOY292）～至今	00：00～24：00	25	1

5.1.3　GIMs TEC 精度分析

5.1.3.1　RMS 地图

电离层联合分析中心在提供 GIMs 的同时，还提供了对应时间对应网格点上的 RMS 值，称之为 RMS 地图。本文模型的建模数据选用了 CODE 分析中心发布的 GIMs。因此，本章主要对 CODE RMS 进行了统计分析。CODE 分析中心在地磁坐标系下利用球谐函数（球谐展开至 15 阶 15 次）建立了全球电离层 TEC 模型。RMS 为球谐函数模型的内符合精度。

截至 2017 年 1 月 1 日，CODE 已持续发布了超过 18 年 GIMs & RMS 数据，时间跨度约为 2 个太阳活动周期。根据太阳活动强度的不同，本书选取了 2000 年、2004 年、2008 年、2012 年、2016 年作为代表，分析了 CODE RMS 的变化特性。其中，2000 年为太阳活动高峰年，2008 年为太阳活动低年，2004 年和 2012 年太阳活动强度中等，2016 年接近太阳活动低峰年。图 5-1～图 5-5 分别给出了 2000 年、2004 年、2008 年、2012 年、2016 年的 CODE RMS 年平均值，其中每幅图包含 5183 个网格点的 RMS 年均值。将 5183 个 RMS 年均值再取平均值，与太阳辐射指数 F10.7 的年均值和 IGS 测站数量一起，统计结果见表 5-2。从表 5-2 可以看出：（1）在全球范围内，CODE GIMs 的精度是不均匀的，总体上北半球高于南半球，陆地上空高于海洋上空；北美洲、欧洲、亚洲和澳大利亚区域的精度较高，其中欧洲地区精度最高。CODE GIMs 的精度分布特性主要与 IGS 站的数量及分布密度密切相关。总的来说，测站密集的区域对应的 GIMs 的精度是很高的，海洋上空因缺少跟踪站，其精度较差。（2）2000 年南极半岛上空的 RMS 值与其他年份存在明显的差异：2000 年南极半岛上空的 RMS 值很大，约为 11TECU；而 2004 年、2008 年、2012 年、2016 年南极半岛上空的 RMS 值大幅度减小，保持在 3TECU 以内。通过分析 CODE IONEX 头文件可知，2000 年并未使用南极半岛上的任何测站。而 2004 年、2008 年、2012 年、2016 年均使用了位于南极半岛的 OHI2 和 OHI3 测站。（3）GIMs 的总体精度与太阳活动强度密切相关，2000 年的 F10.7 指数年平均值为 180.04sfu，属于太阳活动高峰年，对应的 RMS 很大，平均值为 6.93TECU；2008 年的 F10.7 指数年平均值为 68.98sfu，属于太阳活动低峰年，对应的 RMS 较小，平均值为 2.63TECU。（4）2016 年接近太阳活动低年，F10.7 的年平均值为 88.74sfu，略高于 2008 年。但是，2016 年的 RMS 平均值却小于 2008 年，仅为 2.55TECU。这可能是由 2016 年和 2008 年 CODE 所用测站数量的差异造成的。在 CODE IONEX 头文件里，本书统计了 2000 年、2004 年、2008 年、2012 年、2016 年 CODE 分析中心使用测站的数量，如表 5-2 所示。2016 年 CODE 使用测站的数量约为 300 个，而 2008 年仅使用了 193~240 个。从表 5-2 中可以看出，CODE 使用的测站数在不断增加。这表明了随着所用测站数量的不断增加，GIMs 的精度也在不断提高。

表 5-2 2000 年、2004 年、2008 年、2012 年、2016 年的 F10.7 均值和 RMS 均值的统计表

年份	F10.7 年平均值/sfu	IGS 测站数量/个	RMS 年均值的全球均值（TECU）
2000	180.04	132~142	6.93
2004	106.53	166~186	3.44
2008	68.98	193~240	2.63
2012	120.03	255~276	3.75
2016	88.74	约 300	2.55

5.1.3.2 外符合精度

Hernández-Pajares et al.（2009）利用 TOPEX/JASON 卫星的双频测高数据计算的 VTEC 作为外部测试数据，对每一个分析中心发布的 GIMs 进行了精度评估。表 5-3 给出了从 2002~2007 年，TOPEX/JASON TEC 和各分析中心提供的 GIM TEC 之间差值的数理统计（引自 Hernández-Pajares et al.，2009）。从表 5-3 可以看出，在 2002~2007 年间，4 个分析中心的精度差别较小，其中 JPL 发布的 GIM 精度最好，其平均偏差为 -0.72TECU，标准偏差和 RMS 约为 4.5TECU。需要注意的是，由于 TOPEX/JASON 卫星计算 VTEC 数据仅限于海洋上空，因此，利用 TOPEX/JASON 卫星数据对 GIMs 的评估并不全面（Mukhtarov et al.，2013）。

表 5-3　TOPEX/JASON TEC 和 GIM TEC 之间差值的数理统计

（引自 Hernández-Pajares et al，2009）

分析中心	平均偏差（TECU）	标准偏差（TECU）	RMS（TECU）	标准偏差的相对值/%	RMS 的相对值/%
CODG	1.45	5.14	5.35	23.78	22.89
ESAG	2.96	6.84	7.45	33.17	30.44
JPLG	-0.72	4.49	4.54	20.21	19.95
UPCG	1.55	4.46	4.72	21.03	19.87

目前，根据 IGS 官方网站提供的评估结果，电离层 GIMs 最终产品的精度约为 2-8TECU（详细介绍见 http：//www.igs.org/products）。

5.2　GPS-TEC 数据

利用 GPS 观测数据计算 TEC 是获取并研究电离层 TEC 的重要途径之一，国内外学者对其进行了大量的研究（Fraile，1995；Komjathy and Langley，1996；Ciraolo and Spalla，1997；Davies and Hartmann，1997；Wang et al.，1998；Calais and Bernard Minster，1998；Jakowski，1996&1998；Manucci et al.，1998；Hocke and Pavelyev，2001；Otsuka et al.，2002；Arikan et al.，2003；Arikan et al.，2004；Nayir et al.，2007；Dautermann et al.，2007；Arikan et al.，2008；Sezen et al.，2013）。

目前，利用 GPS 双频观测数据计算 TEC 的方法可以分为三种：一是利用伪距观测值反演 TEC；二是利用载波相位观测值反演 TEC；三是联合伪距观测值和载波相位观测值反演 TEC。其中，利用伪距观测值计算 TEC 的方法简单、易于实现。但是，伪距观测值的精度不高，噪声很大，且存在多路径误差，特别是在卫星高度角很小时。载波相位观测值精度高，噪声较小，不存在多路径效应误差，但是在计算 TEC 的过程中，需要考虑载波相位的初始整周模糊度问题。与单独使用伪距观测值或载波相位观测值相比，联合伪距观测值和载波相位观测值反演 TEC 的方法可有效解决仪器偏差、频率间的偏差和载波相位的初始整周模糊度问题，精度较高。

本书采用的 GPSTEC 算法属于上述的第三种方法，是由 Arikan et al.（2003）提出，称之为 Reg-Est 方法。该方法利用测站上观测到的所有 GPS 卫星数据，可 24 小时不间断地计算 TEC，时间分辨率为 30s，适用于全球中、高、低纬度区域的每个测站，甚至在电离层扰动的时候也能得到可靠的结果。经有关测试（Arikan et al.，2007），Reg-Est 方法与 IGS 的 CODE 和 JPL 分析中心的计算结果符合的很好。该方法提出后，相关学者（Arikan et al., 2004；Nayir et al., 2007；Arikan et al., 2008）对其进行了改进，使其发展成为一个更为可靠、完善、近实时的 GPS-TEC 算法（Sezen et al., 2013）。目前，土耳其的哈斯特帕大学电气与电子工程学院的电离层研究实验室提供基于 Reg-Est 方法的应用程序 IONOLAB-TEC 及在线计算服务。

5.3 太阳活动参数的选取

太阳活动参数是电离层 TEC 经验模型的重要输入参数。本文重点介绍了四种不同的太阳活动参数，分别是太阳黑子相对数、F10.7、F10.7p 和极紫外辐射指数（EUV）。通过比较分析四种参数的关系，确定一个合适的太阳活动参数作为本书电离层 TEC 模型的输入参数。

本书使用的太阳黑子相对数、F10.7 均来自 NASA 的戈达德宇宙飞行中心（Goddard Space Flight Center，网址 https：//omniweb. gsfc. nasa. gov/form/dx1. html）。EUV 数据来自美国南加州大学的空间科学中心（Space Sciences Center）（网址 http：//www. usc. edu/dept/space_ science/semdatafolder/semdownload. htm）。

5.3.1 四种太阳活动参数

5.3.1.1 EUV

太阳极紫外 EUV（Extreme Ultraviolet）是指 10~120nm 波段的太阳辐射，是电离层中自由电子和离子形成的主要电离源（Rishbeth，1969）。理论上，EUV 是研究太阳辐射时变特性及太阳-电离层效应等物理现象的最佳参数。由于 EUV 在穿过大气层时，被高层大气吸收，无法在地面进行直接观测，通常采用空间探测手段获取。然而，空基的 EUV 观测记录缺乏连续性，且观测历史较短。图 5-1 为 1996 年 1 月 1 日~2016 年 12 月 31 日 EUV（0.1~50nm 波段）序列。从图上可以看出 EUV 观测存在多处缺失，不是一个连续的序列。因此，在衡量太阳活动强度时，常用其他的太阳活动参数代理 EUV，例如太阳黑子数，F10.7 指数，Mg II 指数和 He 1083 指数等。其中，太阳黑子数和 F10.7 指数可在地面进行直接观测，获取方便，具有较长观测历史和观测记录，数据连续性好。虽然太阳黑子数和 F10.7 指数对电离层的电离过程不存在直接关系，但是它们可以较好地体现太阳活动的激烈程度（Richards et al., 1994；Tobiska et al., 2000）。因此，在电离层的研究中，太阳黑子数和 F10.7 指数最为常用（Liu et al., 2011；Jakowski et al., 2011；Mukhtarov et al., 2013）。另外，基于 F10.7 改进的 F10.7p 也常被用作太阳活动指数（Bilitza，2000；Liu et al., 2006；Liu et al., 2011）。

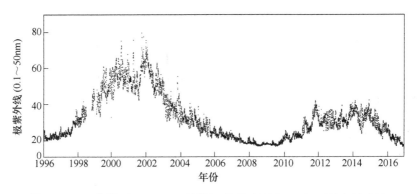

图 5-1　EUV 指数（0.1~50nm 波段）序列（1996.01.01~2016.12.31）

5.3.1.2　太阳黑子相对数

在诸多太阳活动现象中，太阳黑子（SunSpot）最容易被观测到，是最基本的太阳活动现象。目前，最常用的描述太阳黑子的参数是太阳黑子相对数（R SunSpot Number）。19 世纪中叶，瑞士苏黎世天文台的沃尔夫（J. R. Wolf）提出了太阳黑子相对数的概念。因此，太阳黑子相对数又被称之为"沃尔夫相对数"。太阳黑子相对数是太阳黑子群数量和太阳黑子总数的函数，具体公式为：

$$R = K(10g + f) \tag{5-1}$$

式中，R 表示太阳黑子相对数；g 表示日面上所观测到的太阳黑子群数；f 表示观测到的独立的太阳黑子总数；K 是转换因子，瑞士苏黎世天文台的转换因子被定义为：$K = 1$，其他测站上的具体数值随观测地点、观测仪器和观测方法等因素的不同而改变。

太阳黑子相对数可反映出太阳活动的激烈程度，常常被应用于太阳活动变化规律的研究中。图 5-2 给出了 1996 年 1 月 1 日~2016 年 12 月 31 日太阳黑子相对

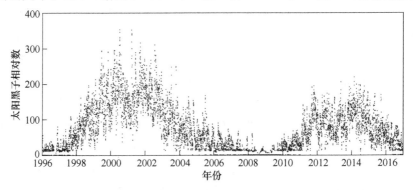

图 5-2　太阳黑子相对数序列（1996.01.01~2016.12.31）

数的变化序列。从这幅图上可以看出，太阳黑子相对数显示出了明显的周期性变化，与图 5-1 描述的 EUV 变化特性基本一致，变化周期约为 11 年。相关研究（Donnelly et al.，1983；Ochadlick et al.，1993；Le et al.，2003；Yin et al.，2007）表明，太阳活动除了最显著的 11 年周期外，还存在其他时间尺度的变化周期，例如，准 22 年、1 年、半年和准 27 天等。

5.3.1.3 F10.7（F10.7p）

F10.7 是太阳 10.7cm 射电流量的简称，单位是 sfu（solar flux unit），其中，$1sfu = 10^{-22}W/(m^2 \cdot Hz)^{-1}$。作为一种可在地面观测的太阳辐射参数，与 EUV 相比，F10.7 的观测相对容易和方便。F10.7 与太阳活动关系密切，可较好地反映太阳活动的周期性变化。研究表明，F10.7 也具有明显的 11 年周期变化特性，和准 27 天的太阳自转周变化。

F10.7p 是一种改进的 F10.7 指数，定义为 F10.7 和 F10.7A（F10.7 的 81 天滑动平均值）的平均值，单位也是 sfu。

图 5-3 给出了 1996 年 1 月 1 日~2016 年 12 月 31 日 F10.7 和 F10.7p 的变化序列。从图上可以看出，F10.7p 的变化曲线相对 F10.7 而言，更为平滑。与太阳黑子相对数和 EUV 一样，F10.7 和 F10.7p 也表现出了明显的周期性变化，约为 11 年。

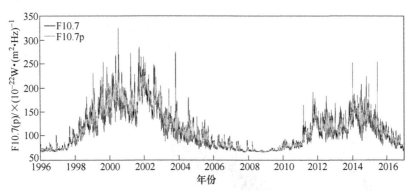

图 5-3 F10.7 和 F10.7p 序列（1996.01.01~2016.12.31）

5.3.2 代理参数与 EUV 的相关性分析

为了选取一个合适的太阳活动参数作为本文电离层 TEC 模型的输入参数，本书分析了上述三种代理参数（太阳黑子相对数、F10.7 和 F10.7p）与 EUV 的相关性。图 5-4~图 5-6 为 1996 年 1 月 1 日~2016 年 12 月 31 日太阳黑子相对数、F10.7 和 F10.7p 分别与 EUV 的相关性分析图。从这三幅图上可以看出：（1）太阳黑子相对数和 F10.7 与 EUV 的关系均呈现出非线性，而 F10.7p 与 EUV 呈现出很好的线性相关。（2）采用三次多项式拟合后，太阳黑子相对数和 EUV 的相关系数为 $R^2 = 0.79$，F10.7 和 EUV 的相关系数为 $R^2 = 0.87$。采用线性拟合后，F10.7p 与 EUV 的相关系数为 $R^2 = 0.91$。由此可见，相对于太阳黑子相对数和 F10.7 来说，F10.7p 与 EUV 的相关性更好。以上两点结论与前人的相关研究（Hinteregger et al.，1973；Bilitza，2000；Liu et al.，2006；Liu et al.，2011）保持一致。因此，本书将 F10.7p 作为太阳活动指数引入到电离层 TEC 经验模型中。

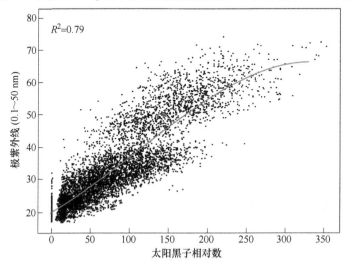

图 5-4　太阳黑子相对数和 EUV 指数（0.1~50nm 波段）的拟合关系
（1996.01.01~2016.12.31）

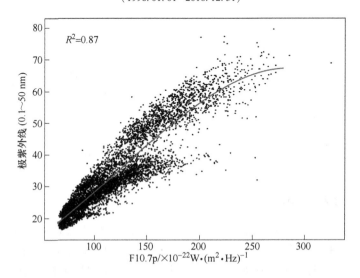

图 5-5　F10.7 和 EUV 指数（0.1~50nm 波段）的拟合关系
（1996.01.01~2016.12.31）

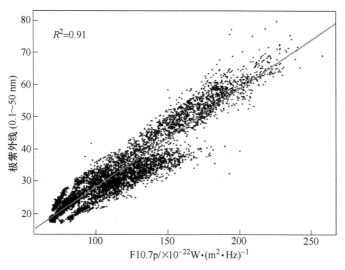

图 5-6 F10.7p 和 EUV 指数（0.1～50nm 波段）的拟合关系
（1996.01.01～2016.12.31）

5.4 建模数据预处理

和类似的电离层 TEC 经验模型（Jakowski et al.，2011；Mukhtarov et al.，2013）一样，本书提出的所有 TEC 经验模型都是建立在中、低太阳活动强度和地磁静日状态下的，这就要求对建模数据做精化预处理工作，其主要的依据和步骤如下：

（1）采用 Jakowski et al.（2011）数据预处理方案，从建模数据集中去除了 F10.7 > 200sfu 时对应的 TEC 数据。

（2）借助地磁指数筛选了地磁静日的 TEC 数据。描述地磁活动的指数有很多种，包括 C、C_i、K、K_s、K_p、A_p、A_k、C_p、C_9、U、U_i、DS 和 D_{st} 等（徐文耀，2003）。其中，A_p 指数称为行星性等效日幅度，是全球的全日地磁扰动强度的指数，可作为全天地磁活动水平的量度（徐文耀，2003）。A_p 指数的变化范围是 0～400，单位是 2nT。在热层和电离层的研究中，A_p 指数常被用来描述地磁的活动状态，一般取 A_p <30nT 为地磁静日的判断标准（郭建鹏，2008；Hedin，1984）。本书沿用了这一标准，从建模数据集中去除了 A_p >30nT 时对应的 TEC 数据。

其中，地磁活动指数 A_p 来自 NASA 的戈达德宇宙飞行中心（Goddard Space Flight Center）。（网址 https：//omniweb.gsfc.nasa.gov/form/dx1.html）。

本书选取 IGS 发布的 GIMs 作为区域、全球电离层 TEC 经验模型的建模数据集，选取 GPS-TEC 作为单站电离层 TEC 经验模型的建模数据集。经过以上两步数据预处理过程，建模数据集（建模时间段以 1999 年 1 月 1 日～2016 年 12 月 31

日为例）的数据剔除率约为 9%，剩余 91% 的数据均为有效建模数据。建模数据的时间跨度超过 1.5 个太阳活动周期，数据容量巨大，少量数据的剔除并不影响数据的总体分布结构。

5.5 本章小结

本章主要介绍了单站/区域/全球电离层 TEC 经验模型的建模数据来源及数据预处理方法。其中，IGS 发布的 GIMs 主要用来建立区域和全球电离层 TEC 经验模型；GPS-TEC 用来建立单站上空电离层 TEC 经验模型。

针对 IGS GIMs，本章详细介绍了 IGS 组织、电离层联合分析中心、GIMs 产品和 IONEX 数据格式。利用 RMS 图分析了 CODE GIMs 的总体精度及其随地理位置和太阳活动变化的特性，结果表明：在全球范围内，CODE GIMs 的精度是不均匀的，与测站的数量和空间分布有着密切的关系，表现为总体上北半球高于南半球，陆地上空高于海洋上空；CODE GIMs 的总体精度跟太阳活动强度呈正相关性，并且随着模型所用测站数量的不断增加，GIMs 的精度也在不断提高。结合 Hernández-Pajares et al.（2009）对 GIMs 的精度评估和 IGS 官方网站提供的评估结果，可知电离层 GIMs 最终产品的精度约为 2~8TECU。

综述了目前利用 GPS 双频观测值计算 TEC 的算法研究，重点介绍了本文使用的 Reg-Est 算法。经过多位学者的不断改良，Reg-Est 算法已经发展成为一个更为可靠、完善、近实时的 GPS-TEC 算法。

为了选取一个合适的太阳活动参数作为本文电离层 TEC 模型的输入参数，本书分析了上述三种代理参数（太阳黑子相对数、F10.7 和 F10.7p）与 EUV 的相关性。结果表明：相对于太阳黑子相对数和 F10.7 来说，F10.7p 与 EUV 具有更好的线性相关性。因此，选取了 F10.7p 作为模型的太阳活动输入参数。

最后，介绍了建模数据集的数据预处理的策略。本书所有 TEC 经验模型都是建立在中、低太阳活动强度和地磁静日状态下的。因此，本书从建模数据集中去除了 F10.7 > 200sfu 和 A_p >30nT 对应的 TEC 数据。

6 单站电离层 TEC 经验模型的建立

全球分布的 GPS 测站已连续运行了将近 20 年，积累了海量的卫星观测数据。利用这些数据可计算得到单站上空连续的电离层 TEC 时间序列，为单站电离层 TEC 经验模型的建立提供了丰富的建模材料。单站电离层 TEC 经验模型的优势主要有以下三点：一是与全球电离层 TEC 变化特性相比，单站上空的电离层 TEC 变化相对简单，易于模型化；二是作为建模数据的 GPS-TEC 易于获取，精度高、统一（精度不存在经纬度上的差异）；三是单站 TEC 经验模型结构简单，针对性强，更新方便。

单站 TEC 经验模型的基本思想是：首先，分别对 TEC 日变化、季节变化和太阳活动变化进行建模；然后，将建模数据集应用于该模型，利用非线性最小二乘法拟合出相应的模型系数。本章基于 GPS-TEC 数据，提出三种新的单站电离层 TEC 经验模型：SSM-T1、SSM-T2 和 SSM-month，分别对每个模型进行测试及评估，最后分析三种单站模型的特点及适用范围。

6.1 单站 TEC 经验模型 SSM-T1

6.1.1 SSM-T1 建模方法

在单站上空，电离层 TEC 的变化特性基本不受地理经纬度和地磁经纬度变化的影响，变化特性主要包括：TEC 日变化、季节变化和随太阳活动的变化。因此，单站电离层 TEC 经验模型可以表述为 3 个分量（日变化、季节变化和随太阳活动变化）相乘的形式：

$$\text{SSM-T1} = \text{TEC}(\text{DOY}, \text{LT}, solar\ activity) = F_1 F_2 F_3 \tag{6-1}$$

式中，F_1 代表 TEC 日变化分量；F_2 代表 TEC 季节变化分量；F_3 代表 TEC 随太阳活动变化分量；SSM-T1 是年积日（DOY，Day of Year），地方时（LT，Local Time）和太阳活动参数的函数。

TEC 的日变化曲线呈现周期性：一般情况下，TEC 值在夜间最小，日出后逐渐增大，正午左右达到最大值。Klobuchar 模型将 TEC 日变曲线表述为两部分：夜间取固定值，白天 TEC 变化用余弦函数的正中部分描述，并将每日 TEC 最大值出现的时刻固定为当地时间 14:00。由于 Klobuchar 模型过于简单并且夜间是固定值，所以该模型不能准确地描述白天 TEC 的变化特性，更无法描述夜间电离层 TEC 的波动性。Jakowski et al.（2011）提出的 NTCM-GL 模型将日变曲线描述为周日变化，半日变化和 1/3 天变化的组合形式。该模型虽然精化了 TEC 日变分量，但是仍将每日 TEC 最大值出现的时刻固定为当地时间 14:00。研究表明（冯建迪等，2015），TEC 日最大值出现的时刻是不固定的，并非只在当地时间 14:00；大部分情况下，TEC 日最大值出现在 12:00~16:00 之间。因此，将每日 TEC 最大值出现的时刻固定为当地时间 14:00 是不合理的。鉴于此，本章提出的单站模型 SSM-T1 的日变化分量不设置关于 TEC 日最大值出现时刻的参数，而是将日变分量做了进一步精化。在 SSM-T1 模型中，TEC 日变分量 F_1 采用了 4 个谐波和 4 个修正系数组合的形式：

$$F_1 = 1 + \sum_{i=1}^{4} a_i \cos\left(i \frac{2\pi}{24} \text{LT} + b_i\right) \tag{6-2}$$

式中，LT 为地方时；$a_i(i=1, 2, 3, 4)$ 和 $b_i(i=1, 2, 3, 4)$ 为 8 个待估系数，由非线性最小二乘法拟合得到。

TEC 季节变化同样存在周期性。与 TEC 日变分量模型相似，TEC 季节变化分量也采用了 4 个谐波（分别描述：1 年、半年、1/3 年和 1/4 年变化）和 4 个修正系数组合的形式：

$$F_2 = 1 + \sum_{i=1}^{4} c_i \cos\left(i \frac{2\pi}{365} \text{DOY} + d_i\right) \tag{6-3}$$

式中，DOY 为年积日；$c_i(i=1, 2, 3, 4)$ 和 $d_i(i=1, 2, 3, 4)$ 为 8 个待估系数，由非线性最小二乘法拟合得到。

与已有经验模型（Jakowski，1996；Jakowski et al.，1998，2011；Mukhtarov et al.，2013）不同，SSM-T1 模型选取 F10.7p 作为太阳活动参数。F10.7p 是 F10.7 和 F10.7A（F10.7 的 81 天滑动平均值）的平均值。正如 5.3.2 节所分析的，相对于 F10.7 而言，F10.7p 与 EUV（极紫外辐射）存在更好的线性关系（Richards et al.，1994；Bilitza，2000；liu et al.，2006），能更好地体现太阳活动强度。考虑到建模数据集已剔除了太阳活动高年（F10.7>200sfu）的数据，本书将 TEC 和太阳活动变化的关系视为线性，该分量可以描述为：

$$F_3 = e + f\text{F10.7p} \tag{6-4}$$

6.1.2　模型的拟合能力测试

本节测试了 SSM-T1 模型对建模数据 GPS-TEC 的拟合能力。为了使测试过程更加全面、合理，本节选取了位于不同纬度上的 4 个测站，分别是法国的巴黎站（opmt）、印度的班加罗尔站（iisc）、澳大利亚的塞杜纳站（cedu）和南极半岛的奥伊金斯站（ohi3）。这 4 个测站分别位于北半球中纬度地区、赤道地区、南半球中纬度地区和南极半岛附近。将 4 个测站上的 GPS-TEC 数据集分别应用于 SSM-T1 模型，利用非线性最小二乘法拟合出模型的待估系数，得到了对应的 4

个单站电离层 TEC 经验模型（SSM-T1-opmt、SSM-T1-iisc、SSM-T1-cedu 和 SSM-T1-ohi3）。

6.1.2.1 巴黎站（opmt）的电离层 TEC 经验模型 SSM-T1-opmt

SSM-T1-opmt 的建模数据集为：2004 年 1 月 1 日~2015 年 6 月 30 日法国巴黎站（opmt）上空的 GPS-TEC 数据，采样间隔为 30min。根据 5.4 节描述的数据预处理方法，建模数据集剔除了 F10.7>200sfu 和 $A_p > 30nT$ 对应的 GPS-TEC 数据。将该数据集应用于 SSM-T1 模型，然后利用非线性最小二乘法得到了 SSM-T1-opmt 模型的 18 个待估参数在 95%置信区间下的拟合结果，如表 6-1 所示。

表 6-1　SSM-T1-opmt 模型系数在 95%置信区间下的拟合结果

系数	估值	95%置信区间
a1	0.4454	0.0017
a2	0.0671	0.0016
a3	−0.0352	0.0016
a4	−0.0098	0.0016
b1	−9.8731	0.0035
b2	0.6732	0.0233
b3	1.7018	0.0448
b4	−5.5188	0.1610
c1	−0.2103	0.0015
c2	0.1597	0.0015
c3	−0.0532	0.0015
c4	0.0053	0.0015
d1	0.4682	0.0073
d2	−3.5330	0.0094
d3	0.0896	0.0283
d4	1.4905	0.2836
e	−5.4751	0.0545
f	0.1707	0.0005

参数拟合的质量可以通过模型残差进行评估。模型残差定义为建模数据与模型拟合结果之间的差值，表达式见式（6-5）。本书选取模型残差的平均值 mean、

均方根误差 rms 和标准差 std 作为评估参数，分别由式（6-6）、（6-7）、（6-8）得到（Mukhtarov et al.，2013）。图 6-1 给出了 SSM-T1-opmt 的模型残差分布直方图和模型评估参数的具体数值。从图 6-1 可以看出，SSM-T1-opmt 的模型残差集中在 ±10TECU 以内，模型残差的平均值为 0.04TECU，均方根误差为 3.22TECU，标准差为 3.22TECU。

$$\delta_i = \text{TEC}_{sample}^i - \text{TEC}_{model}^i \tag{6-5}$$

$$mean = \frac{1}{n} \sum_{i=1}^{n} (\delta_i) \tag{6-6}$$

$$rms = \sqrt{\frac{1}{n} \sum_{i=1}^{n} (\delta_i)^2} \tag{6-7}$$

$$std = \sqrt{rms^2 - mean^2} \tag{6-8}$$

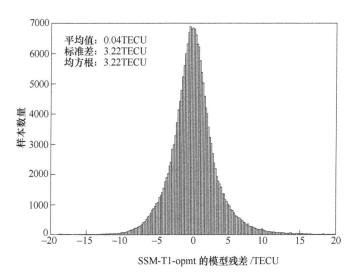

图 6-1　SSM-T1-opmt 模型残差分布直方图

　　为了进一步评估 SSM-T1-opmt 模型对建模数据的拟合能力。本书对比分析了 2008 年和 2013 年的 GPS-TEC 数据和 SSM-T1-opmt 模型。其中，2008 年为太阳活动低年，2013 年为太阳活动高年。取 3 月、6 月、9 月和 12 月的连续 3 天作为测试时间段。需要说明的是：选取的连续 3 天一般为每月的 19 日、20 日和 21 日，但是当 GPS 观测数据缺失导致这 3 天的 TEC 序列不连续时，本书则选取另外的 3 天作为测试时间段（下文中，其他模型的测试时段也采用该策略）。图 6-2 和图 6-3 分别给出了 2008 年和 2013 年的建模数据和模型结果的对比图。从这两幅图上可以看出：在大部分的测试时间段内，SSM-T1-opmt 模型较好地拟合了 GPS-TEC 数据，能够有效的描述巴黎站（opmt）上空的 TEC 变化特性。

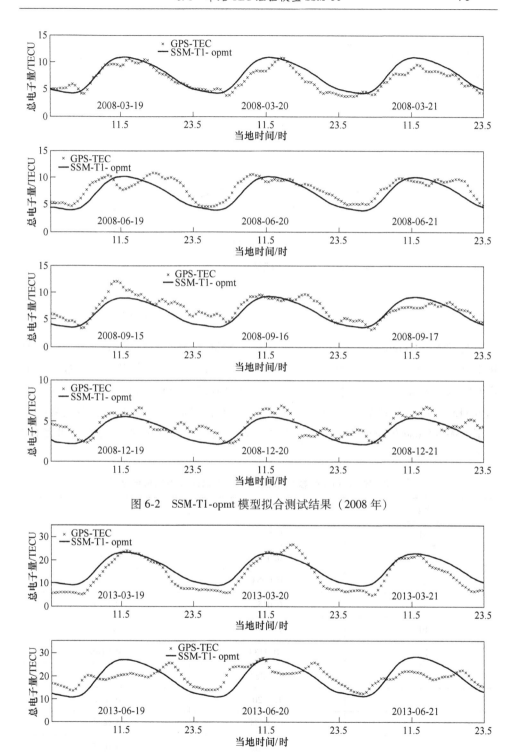

图 6-2 SSM-T1-opmt 模型拟合测试结果（2008 年）

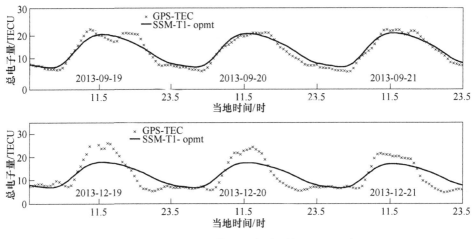

图 6-3　SSM-T1-opmt 模型拟合测试结果（2013 年）

6.1.2.2　班加罗尔站（iisc）的电离层 TEC 经验模型 SSM-T1-iisc

　　与 SSM-T1-opmt 模型的建立方法一致，SSM-T1-iisc 的建模数据集为：2004年 1 月 1 日~2015 年 6 月 30 日印度班加罗尔站（iisc）上空的 GPS-TEC 数据，采样间隔为 30min。其中，建模数据集剔除了 F10.7>200sfu 和 A_p >30nT 对应的GPS-TEC 数据。将该数据集应用于 SSM-T1 模型，然后利用非线性最小二乘法得到了 SSM-T1-iisc 模型的 18 个待估参数在 95%置信区间下的拟合结果，如表 6-2所示。

表 6-2　SSM-T1-iisc 模型系数在 95%置信区间下的拟合结果

系数	估值	95%置信区间
a1	0.6949	0.0011
a2	0.0947	0.0010
a3	0.0903	0.0010
a4	0.0154	0.0010
b1	2.4316	0.0015
b2	−0.2138	0.0108
b3	17.9364	0.0113
b4	1.6320	0.0664
c1	−0.0671	0.0009
c2	0.2218	0.0009

续表 6-2

系数	估值	95%置信区间
c3	0.0377	0.0009
c4	−0.0085	0.0009
d1	−10.1679	0.0140
d2	−3.4168	0.0042
d3	2.2001	0.0248
d4	6.3647	0.1101
e	−12.5409	0.0743
f	0.3910	0.0007

图 6-4 给出了 SSM-T1-iisc 的模型残差分布直方图和模型评估参数。从图 6-4 可以看出，SSM-T1-iisc 的模型残差集中在±10TECU 以内，模型残差的平均值为 −0.13TECU，均方根误差为 4.46TECU，标准差为 4.46TECU。

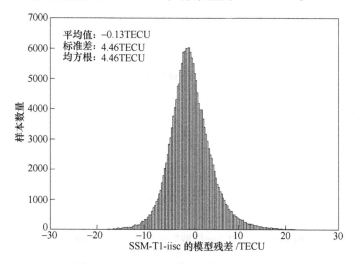

图 6-4　SSM-T1-iisc 模型残差分布直方图

与 SSM-T1-opmt 模型的检验方法一样，取 2008 年和 2013 年的建模数据和模型结果进行对比分析。其中，2008 年为太阳活动低年，2013 年为太阳活动高年。取 3 月、6 月、9 月和 12 月中的连续 3 天作为测试时间段。图 6-5 和图 6-6 分别给出了 2008 年和 2013 年的 SSM-T1-iisc 模型和建模数据的对比图。从这两幅图上可以看出：在所有的测试时间段内，SSM-T1-iisc 模型较好地拟合了 GPS-TEC 数据，能够有效的描述班加罗尔站（iisc）上空的 TEC 变化特性。

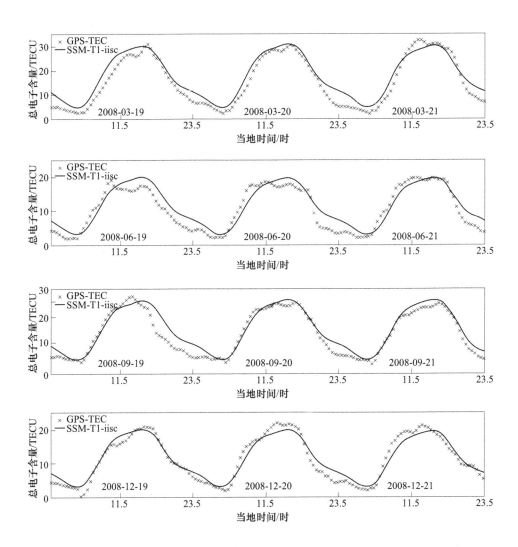

图 6-5　SSM-T1-iisc 模型拟合测试结果（2008 年）

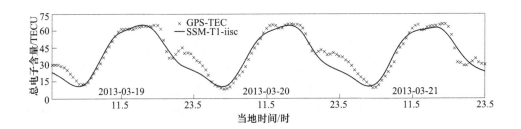

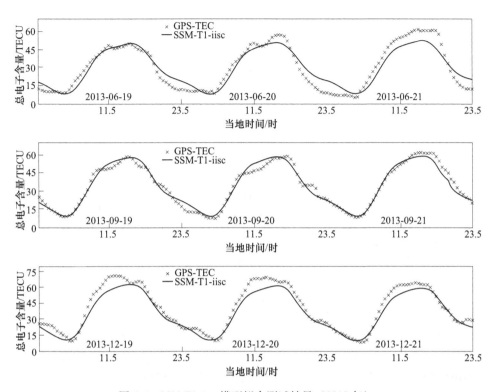

图 6-6   SSM-T1-iisc 模型拟合测试结果（2013 年）

6.1.2.3   塞杜纳站（cedu）的电离层 TEC 经验模型 SSM-T1-cedu

类似的，SSM-T1-cedu 的建模数据集为：2004 年 1 月 1 日~2015 年 6 月 30 日澳大利亚塞杜纳站（cedu）上空的 GPS-TEC 数据，采样间隔为 30min。其中，建模数据集剔除了 F10.7>200sfu 和 A_p >30nT 对应的 GPS-TEC 数据。将该数据集应用于 SSM-T1 模型，然后利用非线性最小二乘法得到了 SSM-T1-cedu 模型的 18 个待估参数在 95% 置信区间下的拟合结果，如表 6-3 所示。

表 6-3   SSM-T1-cedu 模型系数在 95% 置信区间下的拟合结果

系数	估值	95%置信区间
a1	0.4919	0.0014
a2	0.0914	0.0014
a3	−0.0477	0.0014
a4	−0.0091	0.0014
b1	8.9497	0.0028

续表 6-3

系数	估值	95%置信区间
b2	−12.8008	0.0150
b3	2.2645	0.0287
b4	1.1942	0.1504
c1	0.2990	0.0014
c2	0.1729	0.0014
c3	0.0552	0.0013
c4	0.0196	0.0013
d1	−0.1366	0.0045
d2	−3.6334	0.0078
d3	1.7474	0.0245
d4	−0.0186	0.0689
e	−6.6566	0.0513
f	0.1964	0.0005

图 6-7 给出了 SSM-T1-cedu 的模型残差分布直方图和模型评估参数。从图 6-7 可以看出，SSM-T1-cedu 的模型残差集中在 ±10TECU 以内，模型残差的平均值为 0.016TECU，均方根误差为 3.28TECU，标准差为 3.28TECU。

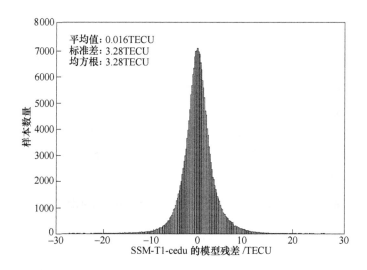

图 6-7　SSM-T1-cedu 模型残差分布直方图

与其他测站模型的检验方法一样，本书取 2008 年和 2013 年的建模数据和模型结果进行对比分析。其中，2008 年为太阳活动低年，2013 年为太阳活动高年。

取 3 月、6 月、9 月和 12 月中的连续 3 天作为测试时间段。图 6-8 和图 6-9 分别
给出了 2008 年和 2013 年的建模数据和模型结果的对比图。从这两幅图上可以看
出：在大部分的测试时间段内，SSM-T1-cedu 模型较好地拟合了 GPS-TEC 数据，
能够有效的描述塞杜纳站（cedu）上空的 TEC 变化特性。

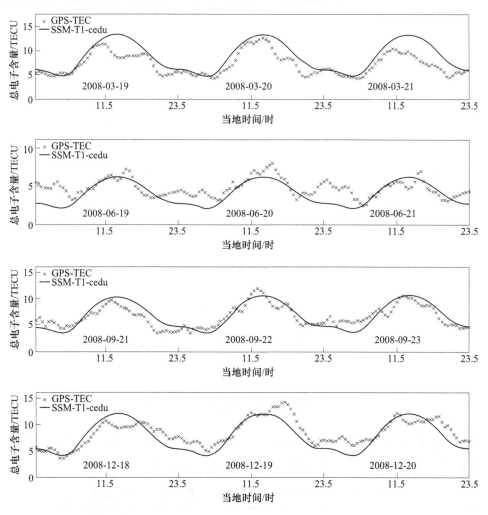

图 6-8　SSM-T1-cedu 模型拟合测试结果（2008 年）

6.1.2.4　奥伊金斯站（ohi3）的电离层 TEC 经验模型

类似的，SSM-T1-ohi3 的建模数据集为：2004 年 1 月 1 日~2015 年 6 月 30 日
南极半岛的奥伊金斯站（ohi3）上空的 GPS-TEC 数据，采样间隔为 30min。其
中，建模数据集剔除了 F10.7>200sfu 和 A_p >30nT 对应的 GPS-TEC 数据。将该数

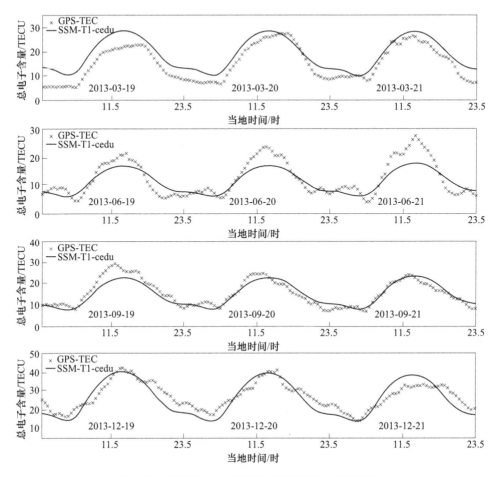

图 6-9   SSM-T1-cedu 模型拟合测试结果（2013 年）

据集应用于 SSM-T1 模型，然后利用非线性最小二乘法得到了 SSM-T1-ohi3 模型
的 18 个待估参数在 95%置信区间下的拟合结果，如表 6-4 所示。

表 6-4   SSM-T1-ohi3 模型系数在 95%置信区间下的拟合结果

系数	估值	95%置信区间
a1	−0. 0782	0. 0020
a2	0. 0859	0. 0020
a3	0. 0244	0. 0020
a4	0. 0164	0. 0020
b1	1. 6425	0. 0253
b2	1. 7449	0. 0230

续表 6-4

系数	估值	95%置信区间
b3	−22.5394	0.0810
b4	0.1161	0.1203
c1	0.7699	0.0028
c2	0.1346	0.0024
c3	0.0815	0.0024
c4	0.0205	0.0023
d1	0.1333	0.0031
d2	1.4498	0.0175
d3	1.8756	0.0288
d4	0.2709	0.1152
e	−5.3893	0.0571
f	0.1521	0.0006

图 6-10 给出了 SSM-T1-ohi3 的模型残差分布直方图和模型评估参数。从图上可以看出，SSM-T1-ohi3 的模型残差集中在±10TECU 以内，模型残差的平均值为−0.16TECU，均方根误差为 3.83TECU，标准差为 3.83TECU。

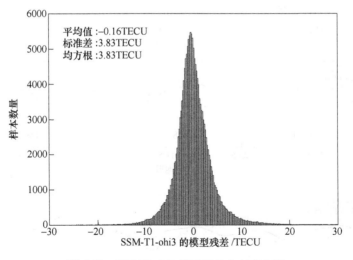

图 6-10   SSM-T1-ohi3 模型残差分布直方图

与其他测站模型的检验方法一样，本书取 2008 年和 2013 年的建模数据和模型结果进行对比分析。其中，2008 年为太阳活动低年，2013 年为太阳活动高年。取 3 月、6 月、9 月和 12 月中的连续 3 天作为测试时间段。图 6-12 和图 6-13 分别给出了 2008 年和 2013 年的建模数据和模型结果的对比图。从这两幅图上可以看出：在大部分的测试时间段内，SSM-T1-ohi3 模型不能拟合建模数据 GPS-TEC，无法准确地描述南极半岛奥伊金斯站（ohi3）上空的 TEC 变化特性。

此外，图 6-10 描述的 SSM-T1-ohi3 模型残差集中在 ±10TECU，考虑到奥伊金斯站（ohi3）位于南极圈附近，建模数据集（2004～2015）的平均值仅为 9.6TECU。因此，SSM-T1-ohi3 模型残差相对于建模数据平均值的变化超过 100%。

综合图 6-10、图 6-11 和图 6-12 可以看出，SSM-T1 模型不适合南极半岛的奥伊金斯站（ohi3）。

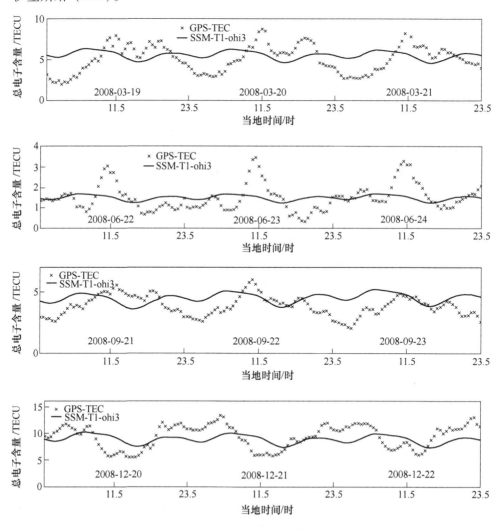

图 6-11　SSM-T1-ohi3 模型拟合测试结果（2008 年）

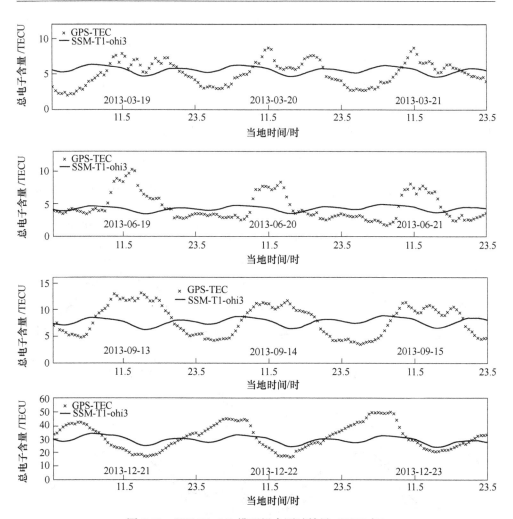

图 6-12 SSM-T1-ohi3 模型拟合测试结果（2013 年）

6.1.3 模型预测能力评估

本书对 SSM-T1 模型在以上 4 个测站（opmt、iisc、cedu 和 ohi3）的预测能力进行了评估。参与评估的数据应不同于建模数据集，因此，本书采用了其他 2 种模型（CODE GIMs 和 IRI2016 模型）与 SSM-T1 模型进行了比较，以评估 SSM-T1 模型的预测能力。基于所选测站附近的 4 个 GIM 格网点 TEC 数据，采用双线性插值算法，内插获得了测站上空的 TEC 值。同时，利用 IRI2016 模型获得了测站上空的 TEC 值。

另外，考虑到以上 4 个测站的建模时间段为 2004 年 1 月 1 日~2015 年 6 月 30 日，公平的模型评估应在建模时间段以外的时间点上进行。因此，本文选取了 2001 年 1 月 20 日，2 月 20 日，3 月 20 日（春分点），4 月 20 日，5 月 20 日，6 月 21 日（夏至点），7 月 20 日，8 月 20 日，9 月 23 日（秋分点），10 月 20 日，11 月 20 日，12 月 22 日（冬至点）；2015 年 7 月 20 日，8 月 20 日，9 月 23 日（秋分点），10 月 20 日，11 月 20 日，12 月 22 日（冬至点）和 2016 年 1 月 15 日，2 月 20 日，3 月 20 日（春分点），4 月 20 日，5 月 20 日，6 月 21 日（夏至点），共 24 个测试时间点，对 SSM-T1 模型的预测能力进行了评估。

6.1.3.1　SSM-T1-opmt 模型评估

图 6-13 和图 6-14 分别给出了 2001 年测试时间点和 2015~2016 年测试时间点

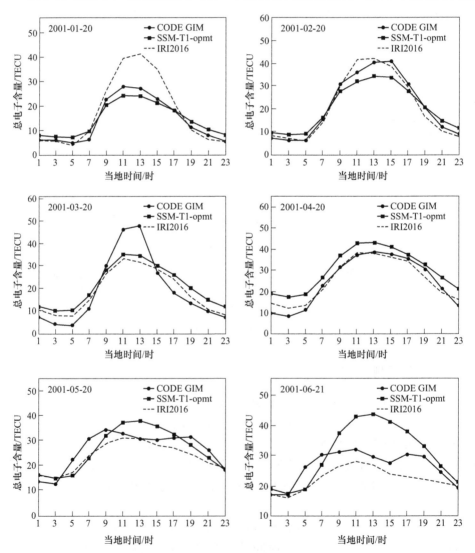

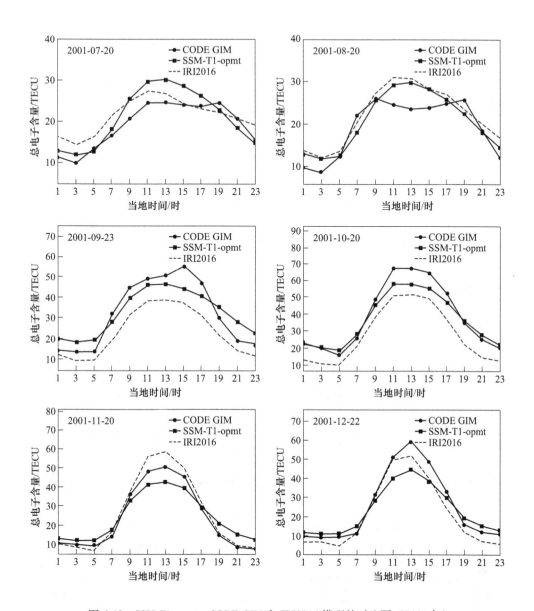

图 6-13 SSM-T1-opmt、CODE GIM 和 IRI2016 模型的对比图（2001 年）

上，SSM-T1-opmt 模型、IRI2016 和 CODE GIMs 的对比图。作为 IGS 的联合分析中心，CODE 提供的全球电离层 TEC 图是精度最高的电离层产品之一。因此，本节将 CODE GIMs 作为一个基准，SSM-T1-opmt 模型和 IRI2016 分别与之比较。从图 6-13、图 6-14 中可以看出：（1）大部分测试时间点上（除了 2001 年 3 月 20日、6 月 21 日和 2016 年 1 月 20 日），SSM-T1-opmt 模型与 CODE GIMs 符合的很好。（2）IRI2016 模型在少数几个测试时间点上（2001 年 1 月 20 日、2001 年 3 月 20 日、2001 年 9 月 23 日，2015 年 7 月 20 日），过高或者过低评估了 TEC 峰值。在其他大部分测试时间点上，IRI2016 模型与 CODE GIMs 符合也很好。（3）在有些测试时间点上，SSM-T1-opmt 模型与 CODE GIMs 符合程度较差，但却与 IRI2016 模型符合的很好，例如 2001 年 3 月 20 日和 2016 年 1 月 20 日。由此可见，SSM-T1-opmt 模型的预测能力与 IRI2016 模型相当。

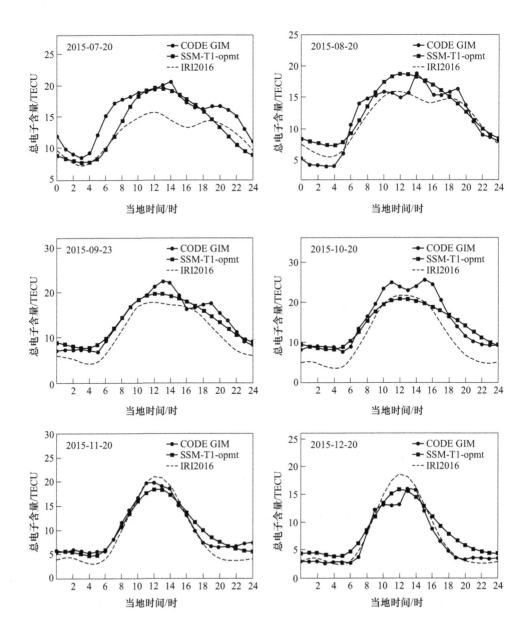

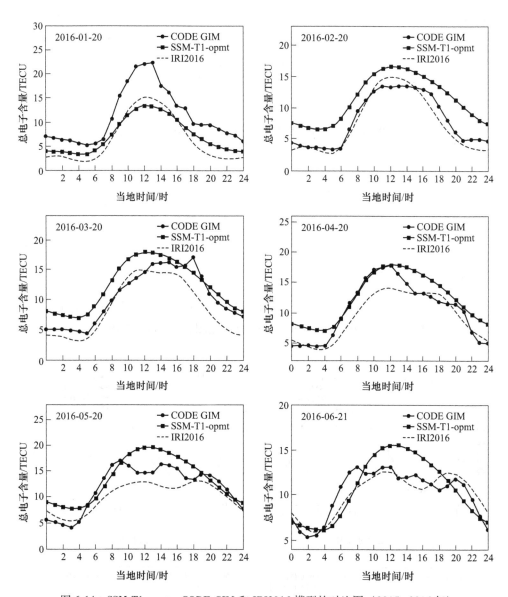

图 6-14 SSM-T1-opmt、CODE GIM 和 IRI2016 模型的对比图（2015～2016 年）

为了更好地比较 SSM-T1-opmt 模型、IRI2016 和 CODE GIMs，本书以 CODE GIMs 为基准，将 SSM-T1-opmt 模型、IRI2016 分别与之求差值，在 2001 年和 2015～2016 年的测试时间段内统计了差值的 RMS，如表 6-5 所示。统计数据显示，在 2001 年测试时间段内，CODE GIMs 与 SSM-T1-opmt 模型差值的 RMS 为 6.85TECU，CODE GIMs 与 IRI2016 差值的 RMS 为 6.61TECU；在 2015～2016 年测试时间段内，CODE GIMs 与 SSM-T1-opmt 模型差值的 RMS 为 2.60TECU，

CODE GIMs 与 IRI2016 差值的 RMS 为 2.80TECU。以上数据表明，在 2001 年测试时间段内，IRI2016 的预测能力稍优于 SSM-T1-opmt 模型，而在 2015～2016 年测试时间段内，SSM-T1-opmt 模型的预测能力较好。以上分析再次说明了，在大部分测试时间段内，SSM-T1-opmt 模型的预测能力与 IRI2016 模型相当。

表 6-5　CODE GIM 与模型（SSM-T1-opmt 和 IRI2016）差值的 RMS 统计

测试时间段	RMS （GIM-SSM-T1-opmt)	RMS （GIM-IRI2016)
2001 年	6.85	6.61
2015～2016 年	2.60	2.80

6.1.3.2　SSM-T1-iisc 模型评估

同样的，本书得到了 2001 年测试时间点和 2015～2016 年测试时间点上，SSM-T1-iisc 模型、IRI2016 和 CODE GIMs 的对比图，如图 6-15 和图 6-16 所示。

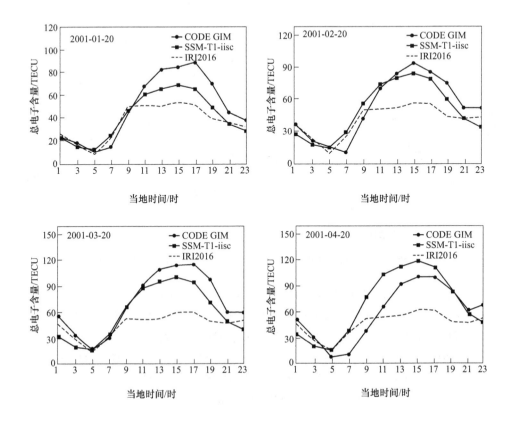

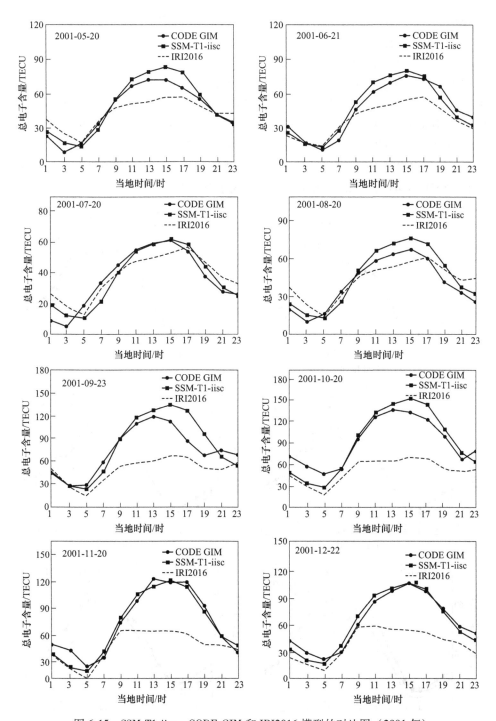

图 6-15 SSM-T1-iisc、CODE GIM 和 IRI2016 模型的对比图（2001 年）

将 CODE GIMs 作为一个基准，SSM-T1-iisc 模型和 IRI2016 均与之比较，并统计了 2001 年测试时间点和 2015~2016 年测试时间段内模型差值的 RMS，如表 6-6 所示。从图 6-15 和图 6-16 可以看出，在所有的测试时间点上，SSM-T1-iisc 模型与 CODE GIM 的符合程度均优于 IRI2016。在 2001 年的所有测试时间点，2015 年 10 月 20 日、11 月 20 日、12 月 20 日和 2016 年 1 月 20 日、2 月 20 日和 3 月 20 日上，IRI2016 模型均低估了 TEC 的峰值。从表 6-6 的统计数据也可以看出，CODE GIMs 与 IRI2016 模型差值的 RMS 值相对较大，CODE GIMs 与 SSM-T1-iisc 模型差值的 RMS 值在测试时间段内都是最小的。因此，在选取的所有测试时间点上，SSM-T1-iisc 模型的预测能力较强，优于 IRI2016 模型。

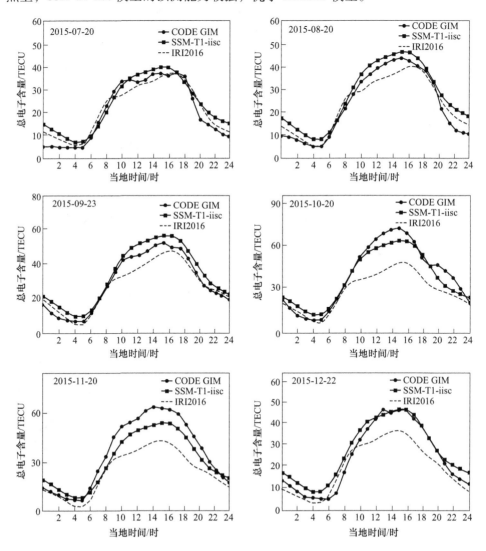

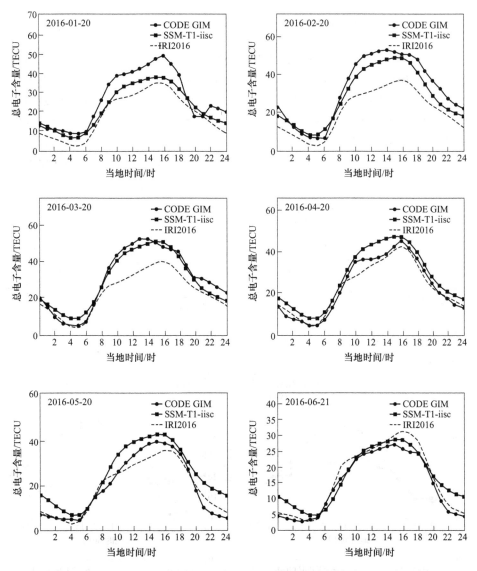

图 6-16 SSM-T1-iisc、CODE GIM 和 IRI2016 模型的对比图 （2015~2016 年）

表 6-6 CODE GIM 与模型（SSM-T1-iisc 和 IRI2016）差值的 RMS 统计

测试时间段	RMS（GIM-SSM-T1-iisc）	RMS（GIM-IRI2016）
2001 年	12.00	25.46
2015~2016 年	5.02	8.40

6.1.3.3 SSM-T1-cedu 模型评估

本书在 2001 年测试时间点和 2015~2016 年测试时间点上，比较了 SSM-T1-cedu 模型、IRI2016 和 CODE GIMs，如图 6-17 和图 6-18 所示。将 CODE GIMs 作为一个基准，SSM-T1-cedu 模型和 IRI2016 均与之比较，统计了 2001 年测试时间点和 2015~2016 年测试时间段内模型差值的 RMS，如表 6-7 所示。从图 6-17 和图 6-18 可以看出，在大部分测试时间点上（除了 2001 年 3 月 20 日、12 月 22 日，2015 年 12 月 22 日和 2016 年 3 月 20 日），SSM-T1-cedu 模型与 CODEGIM 符

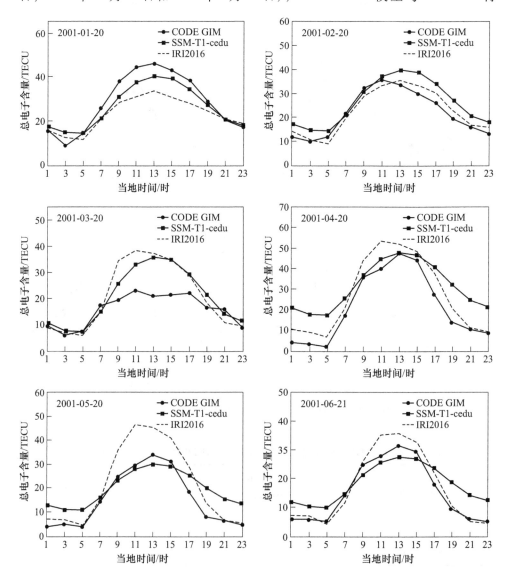

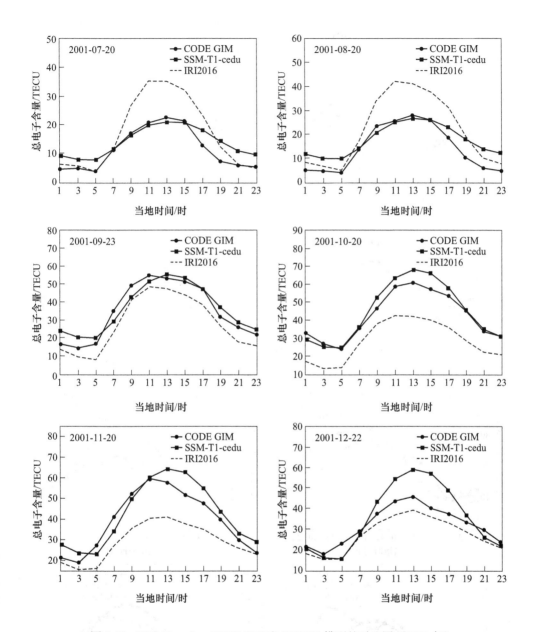

图 6-17 SSM-T1-cedu、CODE GIM 和 IRI2016 模型的对比图 (2001 年)

合得很好。而 IRI2016 模型在大部分测试时间点上,均过高或者过低地评估了 TEC 的峰值。表 6-7 的统计数据表明,CODE GIMs 与 SSM-T1-cedu 模型差值的 RMS 在测试时间段内都是最小的。因此,在选取的大部分测试时间点上,SSM-T1-cedu 模型的拟合能力较强,优于 IRI2016 模型。

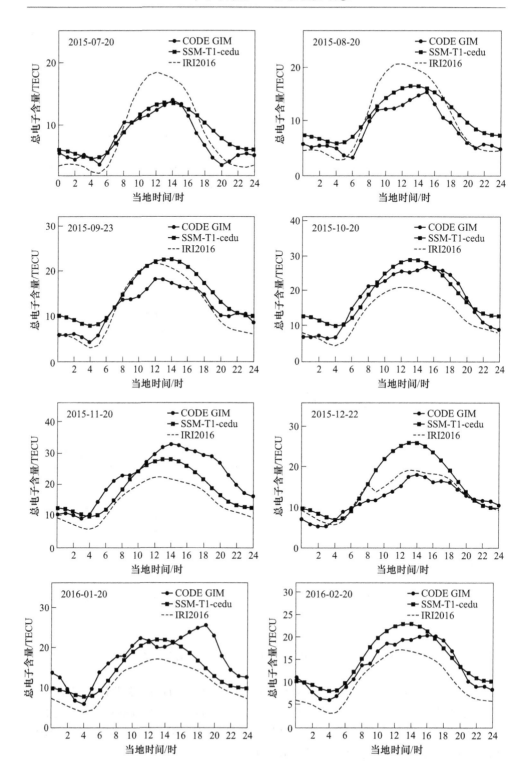

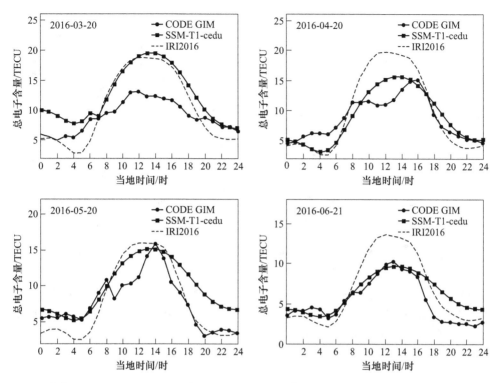

图 6-18 SSM-T1-cedu、CODE GIM 和 IRI2016 模型的对比图（2015~2016 年）

表 6-7 CODE GIM 与模型（SSM-T1-cedu 和 IRI2016）差值的 RMS 统计

测试时间段	RMS（GIM-SSM-T1-cedu）	RMS（GIM-IRI2016）
2001 年	6.44	8.39
2015~2016 年	3.46	4.38

6.1.3.4 SSM-T1-ohi3 模型评估

通过 6.1.2 节对 SSM-T1-ohi3 模型的拟合测试可知，SSM-T1 模型不适合南极半岛的奥伊金斯站（ohi3）。为了更进一步说明这个问题，本书评估了 SSM-T1-ohi3 模型的预测能力。图 6-19 和图 6-20 分别给出了 SSM-T1-ohi3 模型、CODE GIM 和 IRI2016 的对比图，表 6-8 统计了 2001 年测试时间点和 2015~2016 年测试时间段内模型差值的 RMS。从图和统计数据可以看出，SSM-T1-ohi3 模型与 CODE GIM 符合的很差，完全不能描述 TEC 的变化特性。由此可见，SSM-T1-ohi3 模型几乎不具备对 TEC 的预测能力。

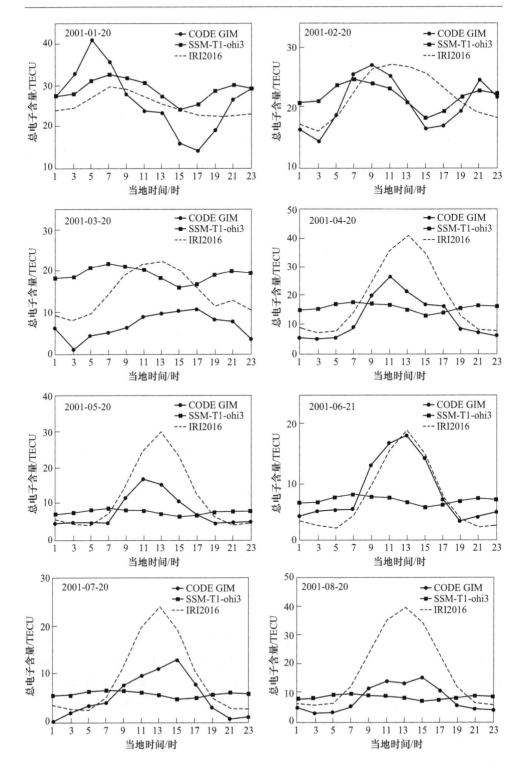

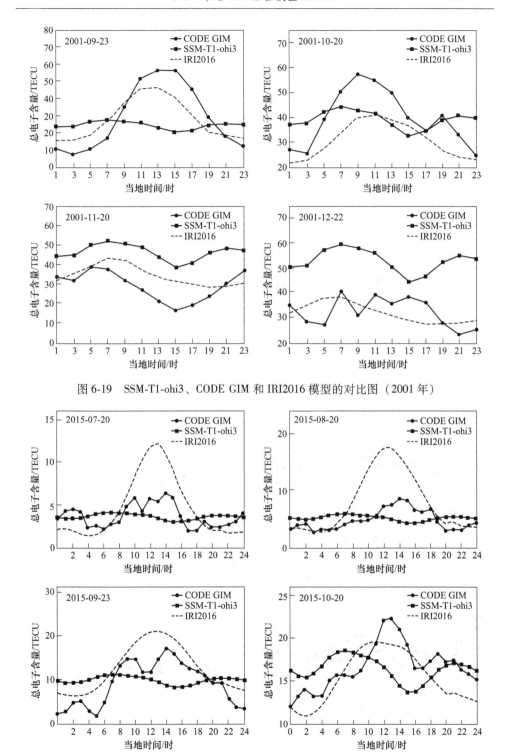

图 6-19 SSM-T1-ohi3、CODE GIM 和 IRI2016 模型的对比图（2001 年）

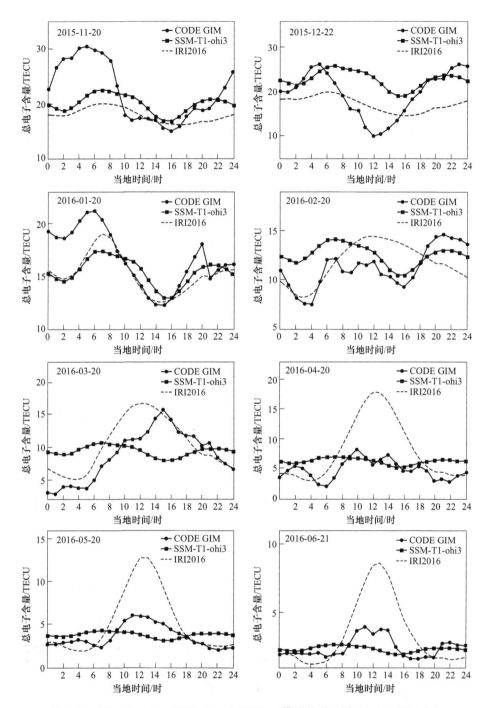

图 6-20　SSM-T1-ohi3、CODE GIM 和 IRI2016 模型的对比图（2015~2016 年）

表 6-8 **CODE GIM 与模型（SSM-T1-ohi3 和 IRI2016）差值的 RMS 统计**

测试时间段	RMS （GIM-SSM-T1-ohi3）	RMS （GIM-IRI2016）
2001 年	11.91	7.88
2015～2016 年	3.42	3.85

6.1.4 SSM-T1 模型特点及适用范围分析

表 6-9 总结了 SSM-T1 模型在 4 个测站上的测试和评估结果。SSM-T1-opmt、SSM-T1-iisc 和 SSM-T1-cedu 均能很好的拟合建模数据，并表现出了良好的预测能力，而 SSM-T1-ohi3 模型与建模数据相差甚远，无法描述该测站上空的 TEC 变化特性，几乎不具备对 TEC 的预测能力。

表 6-9 **SSM-T1 模型测试和评估结果**

单站模型	测站	模型是否有效拟合建模数据	模型的预测能力
SSM-T1-opmt	巴黎站	是	好
SSM-T1-iisc	班加罗尔站	是	好
SSM-T1-cedu	塞杜纳站	是	好
SSM-T1-ohi3	奥伊金斯站	否	差

SSM-T1 模型将 TEC 日变化特性视为统一的（最大值出现在白天，最小值出现在夜间），不随季节不同而变化。利用不同纬度上的 3 个测站——巴黎站、班加罗尔站和塞杜纳站验证了该模型的有效性。然而，奥伊金斯站（ohi3）位于典型的 MSNA 区域，该区域内 TEC 日变特性不是统一的，存在季节性差异。从对 2012 年 12 月 12 日 06:00UT 的电离层 TEC 图分析可以得出南极半岛附近存在明显的 MSNA 现象的结论。有研究表明（Lin et al.，2010），南半球的 MSNA 现象出现的时间段跨越很长，一般为 10 月到次年 2 月。从图 6-11 和图 6-12 中的 GPS-TEC 曲线也可以看出 MSNA 的特性：当地时间夏季（12 月份）的 TEC 日变化特性与其他季节（3 月份、6 月份、9 月份）的 TEC 日变化特性恰恰相反，表现为 TEC 的最大值出现在夜间，最小值出现在中午左右。SSM-T1 模型没有关于 MSNA 的修正项，无法描述不同季节对应的截然不同的 TEC 日变特性。因此，该模型不适合位于 MSNA 区域内的测站。

基于 MSNA 的特性，本书改进了 SSM-T1 模型，提出了 2 种新的适合 MSNA 区域内测站的电离层 TEC 经验模型，分别是 SSM-T2 模型和 SSM-month 模型，将在 6.2 节和 6.3 节详细论述。

6.2   单站 TEC 经验模型 SSM-T2

6.2.1   SSM-T2 建模方法

针对 MSNA 区域的测站，本节提出了一种新的单站电离层 TEC 经验模型 SSM-T2。该模型建立在 SSM-T1 的基础上，对 SSM-T1 的日变分量进行了修正，添加了 MSNA 改正项。SSM-T2 模型依然表述为 3 个分量（日变化、季节变化和随太阳活动变化）相乘的形式：

$$\text{SSM-T2} = \text{TEC}(\text{DOY}, \text{LT}, solar\ activity) = F_1 F_2 F_3 \tag{6-9}$$

式中，F_1 代表 TEC 日变化分量；F_2 代表 TEC 季节变化分量；F_3 代表 TEC 随太阳活动变化分量；SSM-T2 是年积日（DOY），地方时（LT）和太阳活动参数的函数。

与 SSM-T1 模型不同的是，TEC 日变化分量由两部分组成：一是正常的 TEC 日变特性，采用 4 个谐波和 4 个修正系数组合的形式描述。二是 MSNA 改正项。具体表达式如下：

$$F_1 = 1 + \sum_{i=1}^{4} a_i \cos\left(i\frac{2\pi}{24}\text{LT} + b_i\right) + \Psi_{MSNA} \tag{6-10}$$

$$\Psi_{MSNA} = \cos\left[\frac{2\pi(\text{DOY} - \text{DOY}_{MSNA})}{365.25} + d_5\right] \sum_{i=1}^{4} c_i \cos\left(i\frac{2\pi}{24}\text{LT} + d_i\right) \tag{6-11}$$

式中，LT 为地方时，$a_i(i = 1, 2, 3, 4)$，$b_i(i = 1, 2, 3, 4)$，$c_i(i = 1, 2, 3, 4)$，$d_i(i = 1, 2, 3, 4, 5)$ 为 17 个待估系数，由非线性最小二乘法拟合得到。考虑到 MSNA 出现的时间为夏季，其 TEC 日变化特性和冬季恰好相反。因此，取 $doy_{MSNA} = 181$。在式（6-11）中，利用余弦函数 $\cos\left[\frac{2\pi(\text{DOY} - \text{DOY}_{MSNA})}{365.25} + d_5\right]$ 定位需要修正的时间段，然后采用 $\sum_{i=1}^{4} c_i \cos\left(i\frac{2\pi}{24}\text{LT} + d_i\right)$ 对 MSNA 日变化特性进行修正。

SSM-T2 模型的 TEC 季节变化分量与 SSM-T1 模型一致，同样采用了 4 个谐波和 4 个修正系数组合的形式：

$$F_2 = 1 + \sum_{i=1}^{4} e_i \cos\left(i\frac{2\pi}{365}\text{DOY} + f_i\right) \tag{6-12}$$

式中，DOY 为年积日；$e_i(i = 1, 2, 3, 4)$ 和 $f_i(i = 1, 2, 3, 4)$ 为 8 个待估系数，由非线性最小二乘法拟合得到。

同样，SSM-T2 模型也将 TEC 随太阳活动变化的关系视为线性，该分量可以描述为：

$$F_3 = g + h\text{F10.7p} \tag{6-13}$$

6.2.2 模型测试

SSM-T2 模型仅针对 MSNA 区域的测站。因此，本节以南极半岛的奥伊金斯站（ohi3）为例，对该模型进行了测试。利用 2004 年 1 月 1 日～2015 年 6 月 30 日南极半岛奥伊金斯站（ohi3）上空的 GPS-TEC 数据组成了建模数据集。将该数据集应用于 SSM-T2 模型，得到了 SSM-T2-ohi3 模型。然后，利用非线性最小二乘法得到了 SSM-T2-ohi3 模型的 27 个待估参数在 95% 置信区间下的拟合结果，如表 6-10 所示。

图 6-21 给出了 SSM-T2-ohi3 的模型残差分布直方图和模型评估参数。从图上可以看出，SSM-T2-ohi3 的模型残差大部分集中在 ±5TECU 以内，模型残差的平均值为 0.12TECU，均方根误差为 2.92TECU，标准差为 2.92TECU。表 6-11 比较了 SSM-T1-ohi3 模型和 SSM-T2-ohi3 模型的残差评估参数。从表 6-11 中可以看出，SSM-T2-ohi3 模型残差的各项参数均小于 SSM-T1-ohi3 模型。

表 6-10　SSM-T2-ohi3 模型系数在 95% 置信区间下的拟合结果

系数	估值	95% 置信区间
a1	−0.3511	0.0029
a2	0.1286	0.0027
a3	0.0534	0.0027
a4	0.0151	0.0027
b1	−0.2751	0.0077
b2	0.7481	0.0209
b3	−2.1980	0.0502
b4	0.4750	0.1778
c1	0.6033	0.0038
c2	0.1718	0.0035
c3	−0.0892	0.0035
c4	−0.0094	0.0035
d1	15.2409	0.0058
d2	0.0212	0.0203
d3	1.3830	0.0390
d4	24.0942	0.3683
d5	0.1363	0.0039
e1	0.7976	0.0020
e2	0.1272	0.0017

系数	估值	95% 置信区间
e3	0.0853	0.0017
e4	0.0269	0.0017
f1	0.1334	0.0022
f2	1.6384	0.0135
f3	1.8352	0.0199
f4	0.3096	0.0629
g	−5.4916	0.0425
h	0.1522	0.0004

表 6-11　SSM-T1-ohi3 和 SSM-T2-ohi3 模型的模型残差比较

模型	残差的平均值（TECU）	残差的均方根误差（TECU）	残差的标准差（TECU）
SSM-T1-ohi3	−0.16	3.83	3.83
SSM-T2-ohi3	0.12	2.92	2.92

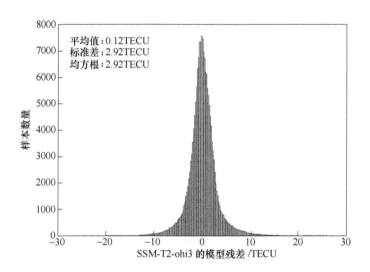

图 6-21　SSM-T2-ohi3 模型残差分布直方图

接着，与 SSM-T1-ohi3 模型的测试方法一样，本书对 SSM-T2-ohi3 模型的拟合能力进行了测试。取 2008 年和 2013 年的建模数据和模型结果进行对比分析。其中，2008 年为太阳活动低年，2013 年为太阳活动高年。测试时间段取 3 月、6

月、9 月和 12 月中的连续的 3 天。图 6-22 和图 6-23 分别给出了 2008 年和 2013 年的 SSM-T2-ohi3 模型和建模数据的对比图。通过比较 SSM-T1-ohi3 模型的测试结果（见图 6-11 和图 6-12）和 SSM-T2-ohi3 模型的测试结果（见图 6-22 和图 6-23），可以发现：在南极半岛奥伊金斯站（ohi3）上，SSM-T2-ohi3 模型较好地拟合了建模数据 GPS-TEC，模型结果优于 SSM-T1-ohi3 模型。在大部分测试时间段中，SSM-T2-ohi3 模型能有效的描述南极半岛奥伊金斯站（ohi3）上空的 TEC 变化特性。从 2008 年 12 月 20~22 日和 2013 年 12 月 21~23 日的测试结果可以看出，SSM-T2-ohi3 模型有效地描述了 MSNA 的变化特性。

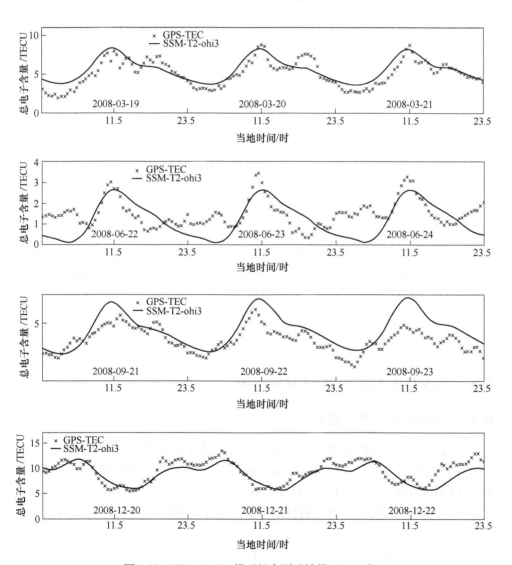

图 6-22　SSM-T2-ohi3 模型拟合测试结果（2008 年）

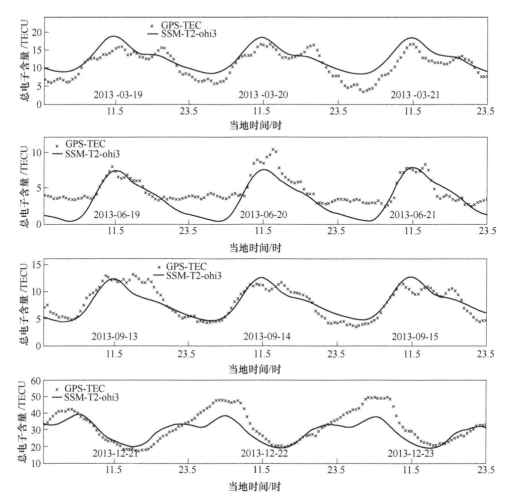

图 6-23   SSM-T2-ohi3 模型拟合测试结果（2013 年）

6.3   单站 TEC 经验模型 SSM-month

6.3.1   SSM-month 建模方法

考虑到 MSNA 区域内 TEC 的日变特性存在季节性差异，本节提出了另一种新的单站电离层 TEC 经验模型 SSM-month。该模型由 12 个子模型组成，分别描述了 12 月的 TEC 变化特性，子模型之间互不干扰。因此，SSM-month 模型有效地避免了 MSNA 区域 TEC 日变特性的季节性差异。SSM-month 模型的具体表达式如下：

$$\text{SSM-month} = \{\text{SSM} - \varphi\} = \{F_1^\varphi F_2^\varphi F_3^\varphi\} \qquad (\varphi = 1,2,\cdots,12) \qquad (6\text{-}14)$$

每个子模型依然表述为 3 个分量（周日变化分量、年积日变化分量和随太阳活动变化分量）相乘的形式，F_1^φ 代表 TEC 周日变化分量，F_2^φ 代表 TEC 年积日变化分量，F_3^φ 代表 TEC 随太阳活动变化分量。每个子模型中，TEC 日变分量采用了 4 个谐波和 4 个修正系数组合的形式：

$$F_1^\varphi = 1 + \sum_{i=1}^{4} a_i^\varphi \cos\left(i\frac{2\pi}{24}LT + b_i^\varphi \right) \tag{6-15}$$

与 SSM-T1 和 SSM-T2 模型不同的是，SSM-month 的子模型仅涉及每个月的 TEC 变化，因此不需要考虑季节变化。但是，在每个月中，不同的年积日对应的 TEC 变化幅度是不同的，本书称之为 TEC 年积日变化分量，可描述为：

$$F_2^\varphi = 1 + \sum_{i=1}^{4} c_i^\varphi \cos\left[i\frac{2\pi}{MV^\varphi}(\mathrm{DOY} - MDOY^\varphi) + d_i^\varphi \right] \tag{6-16}$$

表 6-12 给出了 MV^φ 和 $MDOY^\varphi$ 在每个子模型中的取值。

表 6-12　MV^φ 和 $MDOY^\varphi$ 在每个子模型中的取值

系数	Models	MV^φ	$MDOY^\varphi$
$\varphi = 1$	SSM-1	31	0
$\varphi = 2$	SSM-2	28	31
$\varphi = 3$	SSM-3	31	59
$\varphi = 4$	SSM-4	30	90
$\varphi = 5$	SSM-5	31	120
$\varphi = 6$	SSM-6	30	151
$\varphi = 7$	SSM-7	31	181
$\varphi = 8$	SSM-8	31	212
$\varphi = 9$	SSM-9	30	243
$\varphi = 10$	SSM-10	31	273
$\varphi = 11$	SSM-11	30	304
$\varphi = 12$	SSM-12	31	334

与 SSM-T1 和 SSM-T2 类似，SSM-month 模型也将 TEC 随太阳活动变化的关系视为线性，该分量可以描述为：

$$F_3^\varphi = e^\varphi + f^\varphi \mathrm{F}10.7\mathrm{p} \tag{6-17}$$

6.3.2　模型测试

以南极半岛的奥伊金斯站（ohi3）为例，本节对 SSM-month 模型进行了测试。利用 2004 年 1 月 1 日~2015 年 6 月 30 日南极半岛奥伊金斯站（ohi3）上空的 GPS-TEC 数据组成了建模数据集，并将建模数据按照月份分成了 12 个子集。将 12 个子数据集分别应用于 SSM-month 的 12 子模型，然后利用非线性最小二乘法得到了 SSM-month 模型的 18×12 个待估参数在 95% 置信区间下的拟合结果，如表 6-13 ~ 表 6-15 所示。

表 6-13 子模型的模型系数在 95% 置信区间下的拟合结果（子模型 1-4）

系数	SSM-1		SSM-2		SSM-3		SSM-4	
	EV	95% CI	EV	95% CI	EV	95% CI	EV	95% CI
a_1^{φ}	−32.1513	±0.02058	−17.1653	±0.15693	−16.1223	±0.01440	−3.3469	±0.00904
a_2^{φ}	−4.2057	±0.04987	1.7958	±0.03210	1.0624	±0.03251	0.3319	±0.02512
a_3^{φ}	1.8677	±0.14676	−1.5514	±0.11379	0.8584	±0.07965	1.2481	±0.04104
a_4^{φ}	0.4511	±0.25945	−0.6892	±0.20310	−13.2829	±0.16336	1.2581	±0.12034
b_1^{φ}	0.2172	±0.00452	0.0318	±0.00500	0.3599	±0.00534	0.5638	±0.00548
b_2^{φ}	0.0895	±0.00448	0.1557	±0.00503	0.1594	±0.00521	0.2028	±0.00514
b_3^{φ}	0.0304	±0.00446	−0.0440	±0.00500	−0.0650	±0.00518	−0.1241	±0.00511
b_4^{φ}	0.0172	±0.00447	0.0246	±0.00500	0.0317	±0.00518	0.0423	±0.00510
c_1^{φ}	0.2239	±0.00187	0.1982	±0.00174	0.1901	±0.00161	0.1443	±0.00114
c_2^{φ}	−6.8689	±0.19781	−7.0433	±0.17828	−8.4374	±0.16163	−6.6315	±0.11448
c_3^{φ}	1.1650	±0.05246	1.3618	±0.06393	1.8215	±0.11089	1.3916	±0.02615
c_4^{φ}	30.421	±0.09976	8.9255	±0.13596	−0.3338	±0.29955	0.7811	±0.03689
d_1^{φ}	1.3247	±0.48143	14.494	±0.16501	0.1606	±0.15716	0.9760	±0.07283
d_2^{φ}	1.3370	±0.39313	−5.5663	±0.21144	8.6521	±0.30108	−3.0167	±0.08216
d_3^{φ}	−0.0854	±0.00441	−0.0781	±0.00512	−0.0452	±0.00504	−0.1799	±0.00475
d_4^{φ}	0.0449	±0.00437	−0.0372	±0.00500	−0.0169	±0.00499	−0.1286	±0.00474
e^{φ}	−0.0092	±0.00441	0.0306	±0.00501	−0.0323	±0.00496	−0.0651	±0.00471
f^{φ}	−0.0112	±0.00443	0.0236	±0.00504	−0.0168	±0.00498	0.0576	±0.00470

注：EV 表示估值，95% CI 表示 95% 置信区间。

表 6-14 子模型的模型系数在 95% 置信区间下的拟合结果（子模型 5-8）

系数	SSM-5		SSM-6		SSM-7		SSM-8	
	EV	95% CI	EV	95% CI	EV	95% CI	EV	95% CI
a_1^{φ}	−12.6257	±0.00977	34.4697	±0.01391	−12.7204	±0.01278	9.1679	±0.01035
a_2^{φ}	−0.1194	±0.01978	−0.3272	±0.01911	−0.4026	±0.02201	−0.3774	±0.03760
a_3^{φ}	1.0853	±0.05761	−2.9480	±0.06154	0.4138	±0.08177	−1.4076	±0.05493
a_4^{φ}	−1.2773	±0.07710	1.2867	±0.13948	1.9155	±0.09771	−4.2603	±0.11239
b_1^{φ}	−0.5396	±0.00564	0.3976	±0.00576	−0.4492	±0.00603	0.5303	±0.00583
b_2^{φ}	0.2663	±0.00536	0.2895	±0.00565	0.2606	±0.00584	0.1456	±0.00551
b_3^{φ}	−0.0914	±0.00528	0.0898	±0.00555	−0.0701	±0.00575	0.0998	±0.00549

续表 6-14

系数	SSM-5 EV	SSM-5 95% CI	SSM-6 EV	SSM-6 95% CI	SSM-7 EV	SSM-7 95% CI	SSM-8 EV	SSM-8 95% CI
b_4^φ	-0.0683	±0.00528	0.0396	±0.00554	0.0588	±0.00574	0.0488	±0.00548
c_1^φ	0.0653	±0.00066	0.0410	±0.00053	0.0405	±0.00055	0.0666	±0.00078
c_2^φ	-2.1065	±0.06834	-1.0368	±0.05534	-0.8640	±0.05720	-2.1808	±0.08005
c_3^φ	1.1915	±0.02795	1.7428	±0.07666	1.2198	±0.13394	0.8832	±0.03195
c_4^φ	1.0847	±0.04983	1.2130	±0.14229	0.9470	±0.10098	1.1133	±0.05635
d_1^φ	0.2771	±0.09505	0.3548	±0.15581	0.4873	±0.11151	0.9887	±0.10544
d_2^φ	0.3599	±0.13312	5.8150	±0.15308	0.2263	±0.27760	1.0801	±0.15147
d_3^φ	-0.1815	±0.00525	-0.0686	±0.00536	0.0401	±0.00553	0.1577	±0.00522
d_4^φ	-0.1014	±0.00510	-0.0375	±0.00525	0.0548	±0.00528	0.0905	±0.00514
e^φ	-0.0532	±0.00507	-0.0340	±0.00526	0.0487	±0.00538	0.0488	±0.00510
f^φ	-0.0382	±0.00498	-0.0345	±0.00525	0.0195	±0.00538	0.0342	±0.00505

注：EV 表示估值，95% CI 表示 95% 置信区间。

表 6-15　子模型的模型系数在 95% 置信区间下的拟合结果（子模型 9-12）

系数	SSM-9 EV	SSM-9 95% CI	SSM-10 EV	SSM-10 95% CI	SSM-11 EV	SSM-11 95% CI	SSM-12 EV	SSM-12 95% CI
a_1^φ	15.3559	±0.01275	6.0772	±0.03619	2.2684	±0.02386	-0.8296	±0.01570
a_2^φ	0.9128	±0.06395	1.4901	±0.03734	-0.9767	±0.04720	-0.5647	±0.05703
a_3^φ	-10.9668	±0.07687	-60.110	±0.11278	1.9950	±0.09987	-0.9452	±0.15747
a_4^φ	-0.7310	±0.26360	5.8975	±0.22465	0.2422	±0.25962	25.3374	±0.29749
b_1^φ	0.4561	±0.00610	-0.1434	±0.00521	-0.1954	±0.00471	0.2995	±0.00488
b_2^φ	0.0909	±0.00582	0.1389	±0.00521	-0.0987	±0.00467	-0.0851	±0.00478
b_3^φ	-0.0756	±0.00581	0.0460	±0.00519	0.0467	±0.00466	-0.0304	±0.00477
b_4^φ	0.0221	±0.00581	0.0231	±0.00519	0.0180	±0.00466	0.0155	±0.00477
c_1^φ	0.1270	±0.00130	0.2244	±0.00215	0.2690	±0.00216	0.2807	±0.00240
c_2^φ	-5.2383	±0.13495	-9.0657	±0.21998	-9.3168	±0.22843	-9.5101	±0.25000
c_3^φ	1.0510	±0.02977	0.9134	±0.04420	4.5872	±0.05012	0.3945	±0.14284
c_4^φ	0.5957	±0.07209	-1.3444	±0.17204	0.9619	±0.30348	1.9862	±0.95305
d_1^φ	0.2731	±0.07568	3.4656	±0.15462	0.8908	±0.27257	-0.3479	±0.17392
d_2^φ	0.0168	±0.12723	6.8510	±0.12990	0.7946	±0.39021	0.2493	±0.23229
d_3^φ	0.1948	±0.00565	0.1159	±0.00550	-0.0911	±0.00470	-0.0340	±0.00512
d_4^φ	0.0786	±0.00573	-0.0310	±0.00519	0.0152	±0.00465	0.0032	±0.00558
e^φ	0.0756	±0.00564	-0.0331	±0.00537	0.0170	±0.00462	-0.0275	±0.00493
f^φ	0.0443	±0.00570	0.0404	±0.00522	-0.0120	±0.00457	-0.0212	±0.00470

注：EV 表示估值，95% CI 表示 95% 置信区间。

图 6-24 给出了 SSM-month 的 12 个子模型的模型残差分布直方图和模型评估参数。从图 6-24 上可以看出，SSM-month 的 12 个子模型的模型残差大部分集中在 ±5TECU 以内，有些子模型（SSM-5，SSM-6，SSM-7，SSM-8）的模型残差更小，集中在 ±2TECU 以内。将 12 个子模型的模型残差汇总，得到了 SSM-month 总的模型残差分布直方图和模型评估参数，如图 6-25 所示，模型残差的平均值为 0.03TECU，均方根误差为 2.78TECU，标准差为 2.78TECU。表 6-16 统计了 SSM-T1-ohi3、SSM-T2-ohi3 和 SSM-month 模型的残差评估参数。从表 6-16 中可以看出，SSM-T2-month 模型残差的各项参数均小于 SSM-T1-ohi3 和 SSM-T2-ohi3 模型。

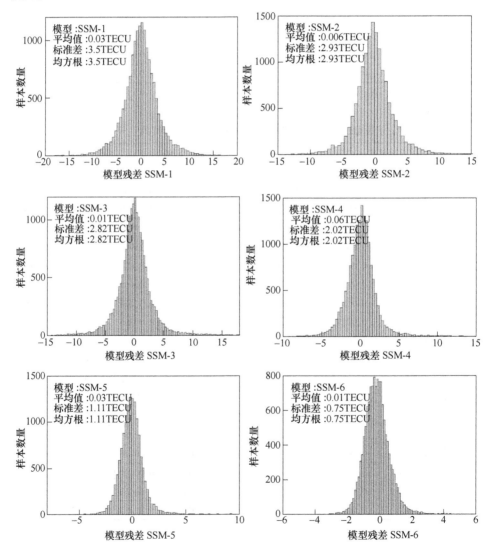

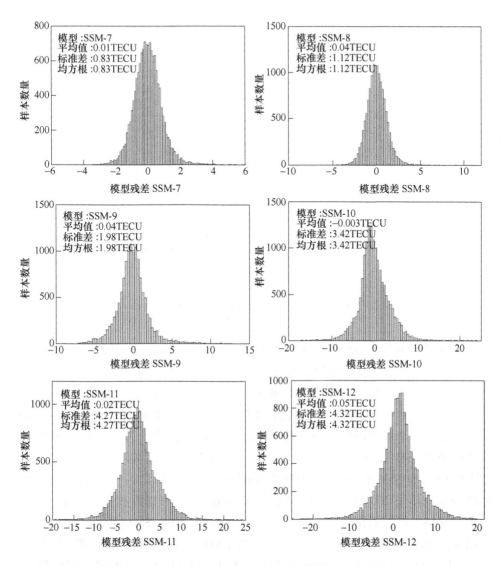

图 6-24 SSM-month 模型的 12 个子模型的残差分布直方图

表 6-16 **SSM-T1-ohi3、SSM-T2-ohi3 和 SSM-month 模型的模型残差比较**

模型	残差的平均值（TECU）	残差的均方根误差（TECU）	残差的标准差（TECU）
SSM-T1-ohi3	−0.16	3.83	3.83
SSM-T2-ohi3	0.12	2.92	2.92
SSM-month	0.03	2.78	2.78

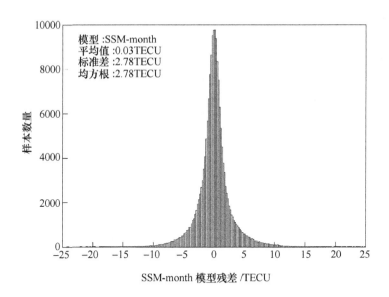

图 6-25　SSM-month 模型的残差分布直方图

　　延续了 SSM-T1-ohi3 和 SSM-T2-ohi3 模型的测试方法,本节测试了 SSM-T2-month 模型对建模数据 GPS-TEC 的拟合能力。取 2008 年和 2013 年的建模数据和模型结果进行对比分析。其中,2008 年为太阳活动低年,2013 年为太阳活动高年。考虑到 SSM-month 模型包含 12 个子模型,分别代表了 12 个月。因此,本节取每个月中的连续 3 天作为测试时间段。其中,为了方便与 SSM-T1-ohi3 模型和 SSM-T2-ohi3 模型进行比较,本节采取的测试时间段在 3 月、6 月、9 月和 12 月与 SSM-T1-ohi3 和 SSM-T2-ohi3 模型测试时间段一致。图 6-26 和图 6-27 分别给出了 2008 年和 2013 年的 SSM-month 模型和建模数据 GPS-TEC 的对比图。从图上可以看出:(1)在大部分测试时间段中,SSM-month 模型能有效地描述南极半岛奥伊金斯站(ohi3)上空的 TEC 变化特性。(2)在 2008 年 1 月、2 月、11 月、12 月和 2013 年 1 月、2 月、11 月、12 月的测试时间段内,SSM-month 模型和 GPS-TEC 数据均能很好地反映出发生在奥伊金斯站(ohi3)上空的 MSNA 现象。

　　此外,通过比较 SSM-T1-ohi3 模型的测试结果(见图 6-11 和图 6-12)、SSM-T2-ohi3 模型的测试结果(见图 6-22 和图 6-23)和 SSM-month 模型的测试结果(见图 6-26 和图 6-27),可以发现:对于南极半岛奥伊金斯站(ohi3),在 3 月、6 月、9 月和 12 月的测试时间段内,SSM-month 模型与建模数据 GPS-TEC 符合的最好,优于 SSM-T2-ohi3 和 SSM-T1-ohi3 模型。

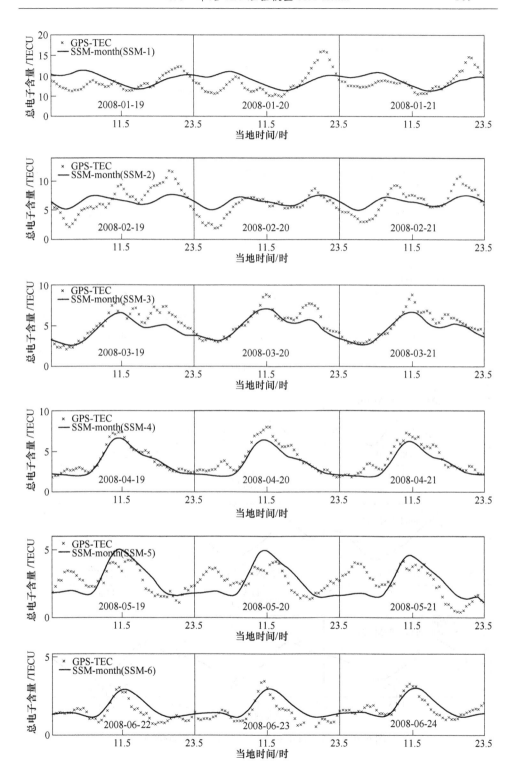

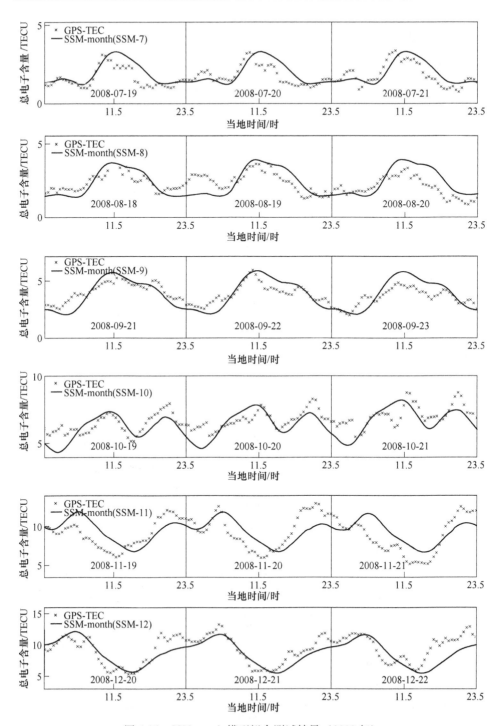

图 6-26　SSM-month 模型拟合测试结果（2008 年）

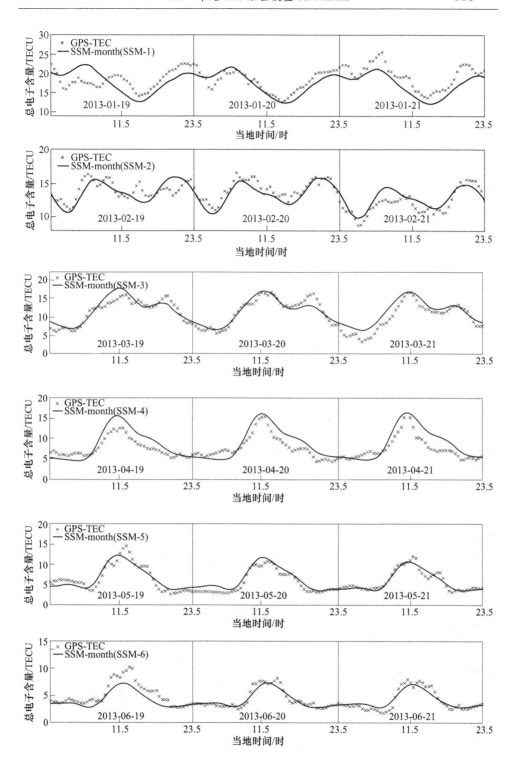

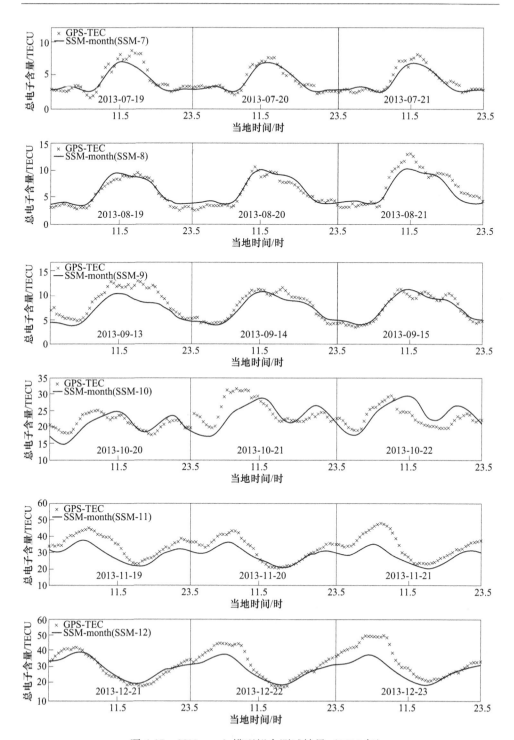

图 6-27　SSM-month 模型拟合测试结果（2013 年）

6.4 SSM-T2 和 SSM-month 模型的验证评估

本节主要对 SSM-T2-ohi3 和 SSM-month 模型的预测能力进行评估。合理的模型评估方案是：参与评估的数据应该采用与建模数据集不同的来源，并在建模时间段之外进行比较。因此，本文采用了其他 2 种模型（CODE GIMs 和 IRI2016）分别与 SSM-T2-ohi3 和 SSM-month 模型进行了比较，以评估 SSM-T2-ohi3 和 SSM-month 模型的预测能力。其中，本节利用 CODE GIMs 在奥伊金斯站（ohi3）附近的 4 个格网点 TEC 数据，采用双线性插值法，内插获得了奥伊金斯站（ohi3）上空的 TEC 值。同时，利用 IRI2016 模型获得了奥伊金斯站（ohi3）上空的 TEC 值。

考虑到建模数据集的时间跨度为 2004 年 1 月 1 日~2015 年 6 月 30 日，本节选取了建模时间段以外的时间点对模型进行比较评估，分别是 2001 年 1 月 20 日，2 月 20 日，3 月 20 日（春分点），4 月 20 日，5 月 20 日，6 月 21 日（夏至点），7 月 20 日，8 月 20 日，9 月 23 日（秋分点），10 月 20 日，11 月 20 日，12 月 22 日（冬至点）；2015 年 7 月 20 日，8 月 20 日，9 月 23 日（秋分点），10 月 20 日，11 月 20 日，12 月 22 日（冬至点）和 2016 年 1 月 20 日，2 月 20 日，3 月 20 日（春分点），4 月 20 日，5 月 20 日，6 月 21 日（夏至点）。

图 6-28 和图 6-29 分别给出了在 2001 年的测试时间点和 2015~2016 年的测试

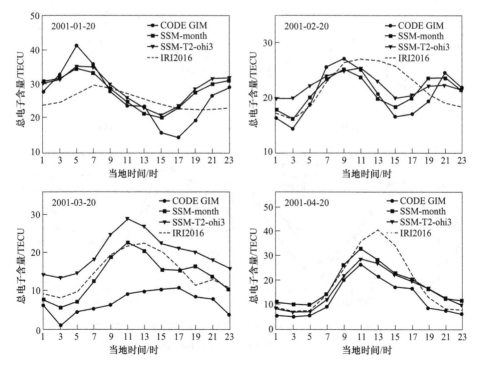

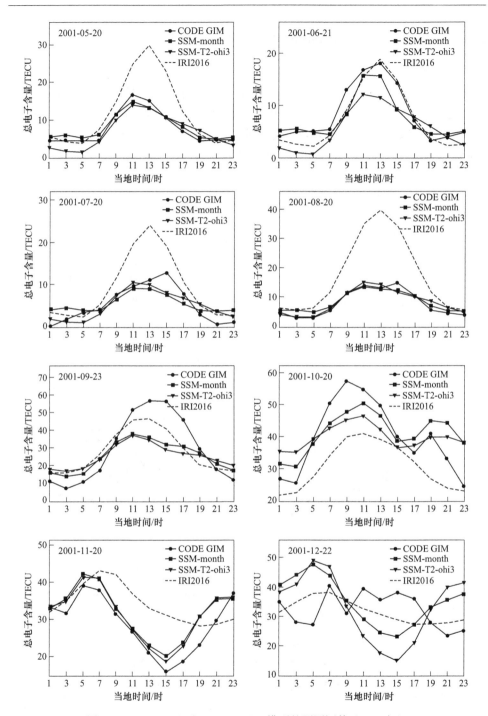

图 6-28　SSM-month 和 SSM-T2-ohi3 模型的预测评估（2001 年）

（SSM-month、SSM-T2-ohi3、CODE GIM 和 IRI2016 的对比分析）

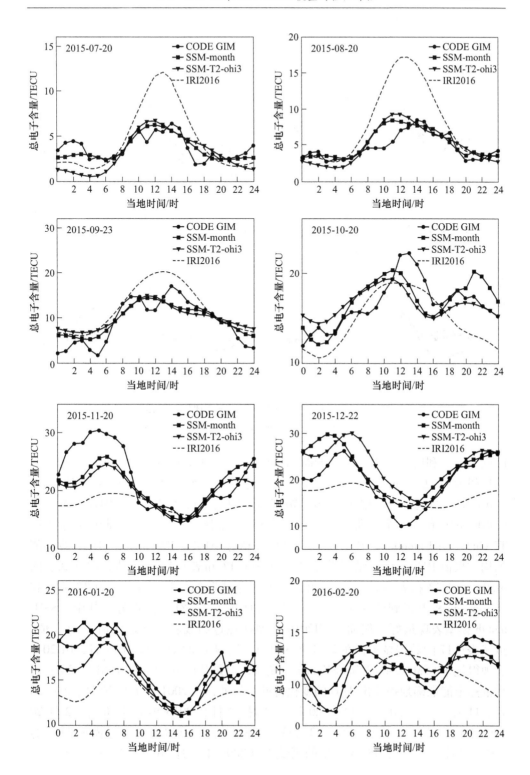

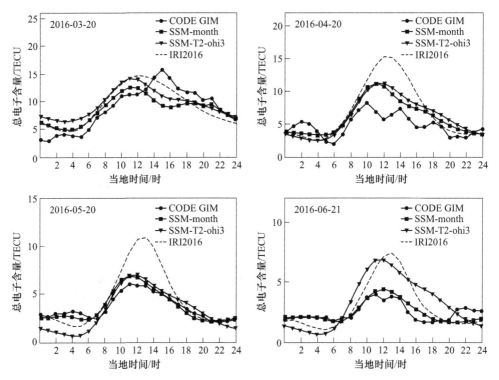

图 6-29　SSM-month 和 SSM-T2-ohi3 模型的预测评估（2015~2016 年）

（SSM-month、SSM-T2-ohi3、CODE GIM 和 IRI2016 的对比分析）

时间点上，利用 SSM-T2-ohi3、SSM-month 模型、CODE GIMs 和 IRI2016 模型计算的奥伊金斯站（ohi3）上空的 TEC 日变化曲线。作为 IGS 的数据处理中心，CODE 提供的全球电离层 TEC 图是精度最高的电离层产品之一。因此，本节将CODE GIMs 作为一个基准，其他 3 个模型均与之比较。将每个测试天内的 SSM-T2-ohi3、SSM-month 和 IRI2016 模型结果分别与 CODE GIMs 相减，然后计算差值的均方根值 RMS，计算结果分别统计在表 6-17 和表 6-18 中。结合图 6-28、图 6-29、表 6-17 和表 6-18 可以看出，在大部分选取的测试天中，SSM-T2-ohi3 和 SSM-month 模型得到的 TEC 日变曲线与 CODE GIMs 符合得很好。其中，SSM-month 模型表现最好。然而，IRI2016 模型往往过高或者过低地评估了 TEC 值。虽然表 6-17 的数据显示，在 2001 年 3 月 20 日、9 月 23 日、12 月 22 日，IRI2016 表现得优于 SSM-T2-ohi3 和 SSM-month 模型，但是从图 6-30 可以看出 IRI2016 模型依然未能准确地描述出 TEC 的变化特性。另外，从 2001 年 1 月 20 日、2 月 20 日、11 月 20 日，2015 年 11 月 20 日、12 月 22 日和 2016 年 1 月 20 日、2 月 20 日的评估结果可以看出，SSM-T2-ohi3 和 SSM-month 模型均能较好描述 TEC 的 MSNA 特性。在个别 MSNA 发生的测试天（2001 年 1 月 20 日、2015 年 12 月 22

日和 2016 年 1 月 20 日）内，IRI2016 仅能近似的描述 MSNA 发生时 TEC 的变化趋势，不能准确描述其变化细节及波动振幅。由此可见，在选取的测试天内，SSM-T2-ohi3 和 SSM-month 模型得到的 TEC 日变曲线与 CODE GIMs 符合得很好，具有较好的预测能力，优于 IRI2016 模型。

表 6-17　CODE GIM 与模型差值的 RMS 统计及最优模型评估（2001 年）

日　期	RMS（GIM-SSM-month）	RMS（GIM-SSM-T2-ohi3）	RMS（GIM-IRI2016）	最优模型
2001/01/20	4.57	4.86	5.47	SSM-month
2001/02/20	2.00	2.91	3.77	SSM-month
2001/03/20	7.78	13.42	5.52	IRI2016
2001/04/20	5.67	4.06	5.53	SSM-T2-ohi3
2001/05/20	1.10	2.06	6.86	SSM-month
2001/06/21	2.25	3.82	2.58	SSM-month
2001/07/20	2.62	2.14	6.73	SSM-T2-ohi3
2001/08/20	1.49	1.55	12.97	SSM-month
2001/09/23	11.57	13.36	5.45	IRI2016
2001/10/20	6.83	7.88	11.62	SSM-month
2001/11/20	3.81	3.47	6.54	SSM-month
2001/12/22	11.68	14.80	6.83	IRI2016

表 6-18　CODE GIM 与模型差值的 RMS 统计及最优模型评估（2015~2016 年）

日　期	RMS（GIM-SSM-month）	RMS（GIM-SSM-T2-ohi3）	RMS（GIM-IRI2016）	最优模型
2015/07/20	0.90	1.79	2.49	SSM-month
2015/08/20	1.21	1.56	4.09	SSM-month
2015/09/23	2.35	3.13	3.32	SSM-month
2015/10/20	2.16	2.24	3.26	SSM-month
2015/11/20	3.36	3.90	4.39	SSM-month
2015/12/22	3.45	4.18	6.82	SSM-month
2016/01/20	1.28	1.84	4.12	SSM-month
2016/02/20	1.29	2.15	2.33	SSM-month
2016/03/20	2.37	2.69	2.52	SSM-month
2016/04/20	2.05	2.15	2.43	SSM-month
2016/05/20	0.51	1.16	1.76	SSM-month
2016/06/21	0.51	1.88	1.29	SSM-month

6.5　本章小结

本章基于 GPS-TEC 数据和非线性最小二乘拟合法，提出了三种新的单站电离层 TEC 经验模型，分别是 SSM-T1、SSM-T2 和 SSM-month 模型。首先，提出了第一种单站电离层 TEC 经验模型 SSM-T1，并分别在法国的巴黎站（opmt）、印度的班加罗尔站（iisc）、澳大利亚的塞杜纳站（cedu）和南极半岛的奥伊金斯站（ohi3）对 SSM-T1 模型进行了测试。结果发现 SSM-T1 模型在法国的巴黎站（opmt）、印度的班加罗尔站（iisc）、澳大利亚的塞杜纳站（cedu）表现得很好，而在南极半岛的奥伊金斯站（ohi3）上空，SSM-T1 模型却无法有效的描述 TEC 变化特性。接着，本章利用 CODE GIMs 和 IRI2016 模型，在建模时间段以外的时间点上，测试了 SSM-T1 模型的预测能力。结果同样表明 SSM-T1 模型在法国的巴黎站（opmt）、印度的班加罗尔站（iisc）、澳大利亚的塞杜纳站（cedu）表现出了良好的预测能力，而在南极半岛的奥伊金斯站（ohi3）上空，该模型基本不具备对 TEC 的预测能力。分析发现奥伊金斯站（ohi3）位于典型的 MSNA 区域，测站上空的电离层 TEC 的日变特性存在季节性差异，SSM-T1 中缺少了描述 MSNA 特性的改正项。

针对 MSNA 区域内的测站，本章相继提出另外两种单站电离层 TEC 经验模型（分别是 SSM-T2 模型和 SSM-month 模型）。其中，SSM-T2 模型建立在 SSM-T1 的基础上，在 TEC 日变化分量中添加了 MSNA 改正项。模型测试结果表明，在南极半岛的奥伊金斯站（ohi3）上，SSM-T2 模型与建模数据 GPS-TEC 拟合得很好，较好地描述了 MSNA 现象。另外一个模型为 SSM-month，该模型是一个集合，包含了 12 个子模型，分别描述 12 月的电离层 TEC 变化特性。SSM-month 也可有效地描述在南极半岛的奥伊金斯站（ohi3）上空的 MSNA 现象。最后，本章利用 CODE GIMs 和 IRI2016 模型，在建模时间段以外的时间点上，测试了 SSM-T2 和 SSM-month 模型的预测能力，结果发现在选取的测试天内，SSM-T2-ohi3 和 SSM-month 模型得到的 TEC 日变曲线与 CODE GIMs 符合的很好，具有较好的预测能力，优于 IRI2016 模型。

7 区域 TEC 经验模型的建立

<<<<<<<<<<<<<<<<<<<<<<<<<<<<<<<<<<<<<<<<<<<<<<<<<<<<<<

如 5.1 节所述,IGS 组织从 1988 年开始提供电离层 GIMs 产品,至今已形成了超过 18 年的 TEC 数据。这些数据为电离层 TEC 经验模型的建立提供了丰富的建模材料。全球电离层 TEC 经验模型可以直接使用 GIMs 进行建模 (Jakowski et al., 2011; Ercha et al., 2012; Mukhtarov et al., 2013)。区域电离层 TEC 经验模型可根据建模区域的经纬度从 GIMs 中提取该区域 TEC 数据,组成建模数据集。

与全球变化特性相比,TEC 在某一给定的区域上变化特性是统一的,易于模型化。因此,区域 TEC 经验模型的精度一般高于全球 TEC 经验模型,更具有工程使用价值。所以,研究如何建立区域 TEC 经验模型具有重要的现实意义。目前,已有的区域电离层 TEC 经验模型的研究多采用经验正交函数分析法和神经网络算法 (Habarulema et al., 2010, 2011; Chen et al., 2015)。本章采用非线性最小二乘拟合法研究了建立区域经验模型的方法。建模数据来自 CODE 发布的 GIMs TEC。以京津唐地区和中国东北地区为例,本章提出了两种适合不同区域的电离层 TEC 经验模型,分别是 TECM-JJT 和 TECM-NEC 模型,并分别对这两种模型进行了测试和评估。

7.1 区域电离层 TEC 经验模型 TECM-JJT

7.1.1 建模方法

本节以京津唐地区 (37.5°~42.5°N, 115°~120°E) 为例,建立了区域电离层 TEC 经验模型,称之为 TECM-JJT (BeiJing, TianJin, Tangshan) 模型。与单站电离层 TEC 经验模型不同的是,区域电离层 TEC 经验模型应考虑到经纬度的影响。TECM-JJT 模型的表达式为:

$$\text{TECM-JJT} = \text{TEC}(\text{DOY}, \text{LT}, \text{longtitude}, \text{latitude}, \text{F10.7p}) = F_1 F_2 F_3 \quad (7\text{-}1)$$

式 (7-1) 的左边表示模型输入参数,包含:年积日 (DOY)、地方时 (LT)、经度 (longitude)、纬度 (latitude) 和太阳活动参数 F10.7p;右边由 3 个分量组成,分别是日变分量、季节变化分量和太阳活动分量。京津唐地区位于中纬度地区,远离赤道,基本不受电离层赤道异常 (EIA 北驼峰) 的影响,模型无需考虑赤道异常的改正。该区域范围较小 (5°×5°),模型未考虑地磁纬度对电离层 TEC 的影响。

综合考虑太阳辐射量在经纬度上的变化,以及 TEC 日变化特性等因素,区

域电离层 TEC 经验模型的日变分量表示为:

$$F_1 = \cos x^{***} + D_C \cos x^{**} \tag{7-2}$$

$$D_C = \sum_i^4 c_i \cos\left(i\frac{2\pi}{24}\mathrm{LT} + d_i\right) \tag{7-3}$$

$$\cos x^* = \sin\varphi\sin\delta + \cos\varphi\cos\delta \tag{7-4}$$

$$\cos x^{**} = \cos x^* - \frac{2\varphi + d_5}{\pi}\sin\delta \tag{7-5}$$

$$\cos x^{***} = \sqrt{\cos x^* + 0.4} \tag{7-6}$$

其中, φ 表示纬度, δ 表示太阳赤纬。NTCM-GL 模型 (Jakowski et al., 2011) 采用 3 个谐波和太阳辐射函数描述电离层 TEC 的日变特性, 3 个谐波为周日变量、半日变量和三分之一日变量, 并将每日 TEC 出现的最大时刻固定在当地时间 14:00h。本文的模型 TECM-JJT 在 NTCM-GL 模型的基础上, 将 3 个谐波改进为 4 个谐波, 分别描述 TEC 的日变、半日变、三分之一天和四分之一天变化特性, 见式 (7-3)。太阳辐射函数由太阳天顶角来描述 (Jakowski et al., 2011), 见式 (7-5) 和式 (7-6)。另外, 模型中添加了 5 个修正参数 $d_i(i = 1, 2, 3, 4, 5)$。其中, $d_1 \sim d_4$ 可修正除 4 个谐波之外的电离层日变细节, d_5 可修正除三角函数之外的太阳天顶角变化细节。

　　与单站电离层 TEC 经验模型相似, 区域电离层 TEC 经验模型的季节变化分量可表示为:

$$F_2 = 1 + \sum_i^4 e_i \cos\left(i\frac{2\pi}{365}\mathrm{DOY} + f_i\right) \tag{7-7}$$

　　在 NTCM-GL 模型中, 电离层 TEC 的季节变化由 2 个谐波加 2 个固定常数表示, TECM-JJT 模型将其改进为 4 个谐波和 4 个修正参数 $f_i(i = 1, 2, 3, 4)$。$f_1 \sim f_4$ 可修正除 4 个谐波之外的电离层季节变化细节。

　　将太阳活动参数 F10.7p 和电离层 TEC 的关系视为线性, 引入到模型中。电离层 TEC 随太阳活动的变化分量表示为:

$$F_3 = g_1 + g_2\mathrm{F10.7p} \tag{7-8}$$

7.1.2　模型结果及测试

　　本书采用 CODE 提供的全球电离层图 GIMs, 时间跨度为 1999 年 1 月 1 日 ~ 2015 年 6 月 30 日, 共 16.5 年, 约 1.5 个太阳活动周期 (11 年)。按照 5.4 节描述的数据预处理策略, 本文获得了在地磁平静日和太阳活动指数 F10.7 低于 200sfu 条件下, 京津唐地区 307152 个 TEC 数据及 F10.7p 数据的时间序列, 将其作为经验模型的建模数据集。

　　将包含 307152 个样本的建模数据集应用于上述数学模型, 通过非线性最小二乘方法得到了 TECM-JJT 模型的 19 个待估参数在 95%置信区间下的拟合结果，如表 7-1 所示。

表 7-1　TECM-JJT 模型系数在 95%置信区间下的拟合结果

系数	估　值	95%的置信区间
c1	−0.636069233	±0.001572478
c2	0.145276111	±0.001481038
c3	−0.042434562	±0.001476285
c4	−0.011280516	±0.001475872
d1	24.85374312	±0.002320254
d2	0.037573165	±0.010158736
d3	1.888624454	±0.034778678
d4	0.83540539	±0.013083733
d5	85.04918092	±0.162431456
e1	0.136765906	±0.001003576
e2	0.174501483	±0.000977442
e3	−0.043522839	±0.000945805
e4	−0.013276802	±0.000960396
f1	3.813740143	±0.007366413
f2	8.961474541	±0.005501908
f3	−0.00400474	±0.022317464
f4	8.539167471	±0.071313174
g1	−5.781151208	±0.035257586
g2	0.190171098	±0.000328272

参数拟合的质量可以通过模型残差（样本数据与模型数据之间的差值）进行评估。SSM-T1-opmt 的模型残差的平均值为 0.11TECU，均方根误差为 3.26TECU，标准差为 3.26TECU。采用类似方法建立的全球电离层 TEC 经验模型 NTCM-GL（Jakowski et al.，2011）模型残差的平均值为−0.3TECU，均方根误差为 7.5TECU，标准差为 7.5TECU。这说明了采用相同建模方式的情况下，区域电离层经验模型的精度一般要高于全球电离层经验模型。

图 7-1 给出了模型残差的分布直方图，可以看出残差近乎对称地分布于 0 的两侧，说明 TECM-JJT 模型可以较准确地反映出电离层 TEC 的变化特性。从图 7-1 右上角的表格可以看出，分布在±1TECU 以内的残差占样本的 29.54%，分布在±3TECU 以内的占 71.91%，分布在±5TECU 以内的占 90.16%，分布在±10TECU以内的占 98.96%。由此可见，绝大部分残差集中在±10TECU 以内，这

与全球模型 NTCM-GL 的残差集中在±20TECU 相比，又进一步表明了区域电离层模型的优势。

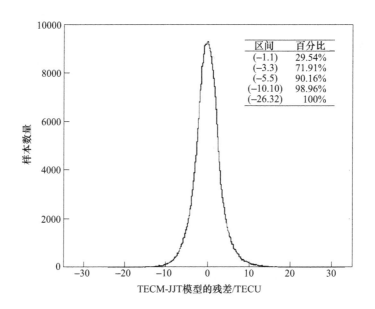

区间	百分比
(−1.1)	29.54%
(−3.3)	71.91%
(−5.5)	90.16%
(−10.10)	98.96%
(−26.32)	100%

图 7-1　TECM-JJT 模型残差分布直方图

接着，测试了 TECM-JJT 模型对建模数据集的拟合能力。根据 CODE GIMs 格网数据 5°×2.5°的分布特点，TECM-JJT 建模区域（37.5°~42.5°N，115°~120°E）占据了 6 个 TEC 格网点。选取其中的 2 个格网点作为测试点，坐标分别是（37.5°N，115°E）和（40°N，120°E）。在（37.5°N，115°E）的测试点上，选取 2004 年和 2009 年的春分、夏至、秋分和冬至日，作为测试时间点。在（40°N，120°E）的测试点上，选取 2008 年和 2012 年的春分、夏至、秋分和冬至日，作为测试时间点。该测试的方案顾及了太阳活动对电离层 TEC 的影响，2004 年太阳活动中等，2008 年和 2009 年为太阳活动低峰年，2012 年接近太阳活动高峰。由此，可使模型测试过程更加系统全面，测试结果更加真实、准确。图 7-2 给出了（37.5°N，115°E）的测试点上，利用 TECM-JJT 模型和 CODE GIMs 建模数据分别计算得到的 2004 年和 2009 年的春分、夏至、秋分和冬至日时的 TEC 日变曲线。图 7-3 给出了（40°N，120°E）的测试点上，利用 TECM-JJT 模型和 CODE GIMs 建模数据分别计算得到的 2008 年和 2012 年的春分、夏至、秋分和冬至日时的 TEC 日变曲线。从图 7-2 和图 7-3 可以看出，除了 2008 年冬至日以外，在其他所有的测试时间点上，TECM-JJT 模型均能很好地拟合建模数据 CODE GIMs。

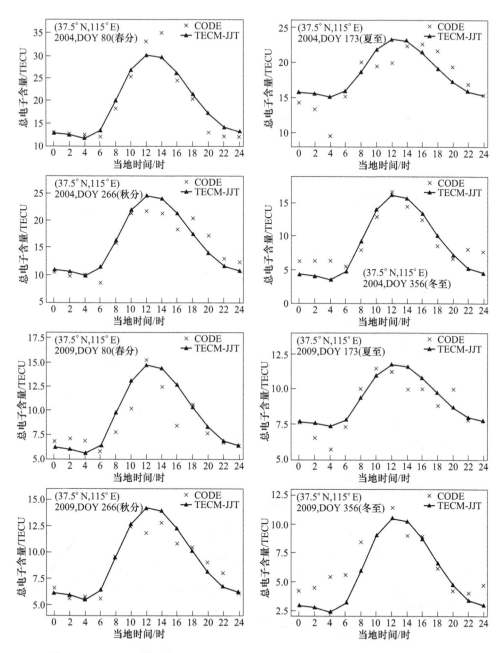

图 7-2 TECM-JJT 模型在 (37.5°N, 115°E) 拟合测试结果 (2004 年和 2009 年)

为了更进一步地测试 TECM-JJT 模型对 CODE GIMs 的拟合能力，本书比较了 TECM-JJT 模型和 CODE GIMs 计算的 TEC 日均值序列。本次测试选取建模区域内的另外两个电离层 TEC 格网点作为测试点，坐标分别是 (42.5°N, 115°E) 和

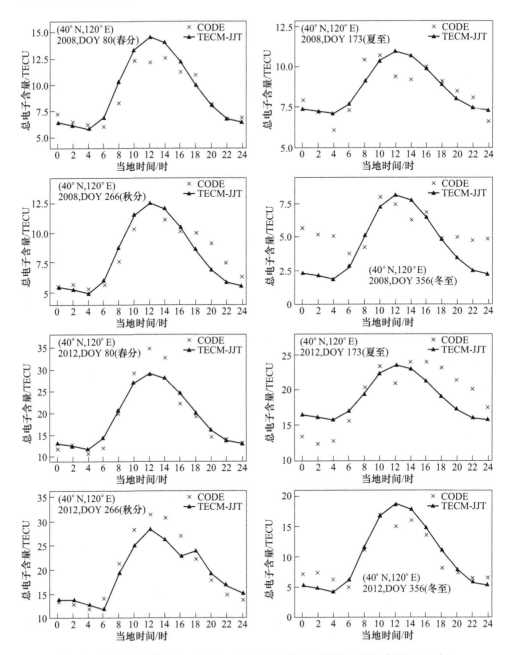

图 7-3　TECM-JJT 模型在（40°N，120°E）拟合测试结果（2008 年和 2012 年）

（37.5°N，120°E）。同样的，在（42.5°N，115°E）的测试点上，选取 2004 年和 2009 年作为测试时间点。在（37.5°N，120°E）的测试点上，选取 2008 年和 2012 年作为测试时间点。图 7-4 给出了 2004 年和 2009 年在测试点（42.5°N，

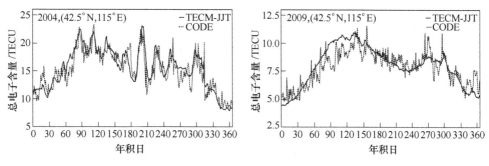

图 7-4　2004 年和 2009 年的 TEC 日均值序列

115°E）上空，利用 TECM-JJT 模型和 CODE GIMs 模型计算的 TEC 日均值序列；图 7-5 给出了 2008 年和 2012 年在测试点（37.5°N，120°E）上空，利用 TECM-JJT 模型和 CODE GIMs 模型计算的 TEC 日均值序列。从图 7-4 和图 7-5 可以看出，在选取的测试点上空，TECM-JJT 模型计算的 TEC 日均值能较好地拟合 CODE GIMs。另外，在太阳活动中、高年（2004 和 2012 年），TECM-JJT 模型的 TEC 日均值曲线存在细节上的波动，与 CODE GIM 的波动趋势保持一致；而在太阳活动低年（2008 年和 2009 年），曲线波动变得相对平缓，未能体现出类似 CODE GIM 的波动特征。这种现象跟太阳活动强度的变化幅度关系密切，例如，2008 年的 F10.7 指数的变化区间为（65.2，88.2），变化幅度约为 35.27%，波动平缓；而在 2012 年 F10.7 指数的变化区间为（86.8，183.7），变化幅度高达 111.63%，波动剧烈。

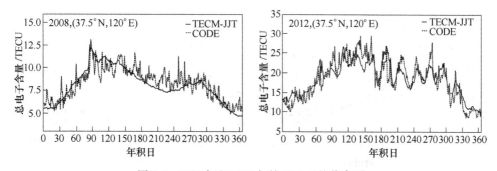

图 7-5　2008 年和 2012 年的 TEC 日均值序列

　　综上所述，在所选测试点的测试时间段内，TECM-JJT 模型均能较好拟合建模数据 CODE GIMs，这也间接证明了 TECM-JJT 模型的各分量模型的合理性。

7.1.3　模型验证及比较

　　为了确保模型验证的合理性，本书选取了其他的 TEC 模型（IRI2016、

NTCM-GL 模型）和 GPS-TEC 数据，在 TECM-JJT 建模时间段以外的时间，对
TECM-JJT 模型进行了验证。以位于建模区域内的北京房山站（bjfs）为例，本书
利用 TECM-JJT 模型、IRI2016、NTCM-GL 模型和 GPS-TEC 数据分别计算了 2015
年 7 月 15 日、8 月 15 日、9 月 15 日、10 月 15 日、11 月 15 日、12 月 15 日和
2016 年 1 月 15 日、2 月 15 日、3 月 15 日、4 月 15 日、5 月 15 日、6 月 15 日，
共 12 个测试天的北京房山站上空的 TEC 日变序列，如图 7-6 所示。本书将 GPS-
TEC 数据作为一个基准，其他 3 个模型均与之比较。将每个测试天内的 TECM-
JJT 模型、IRI2016、NTCM-GL 模型结果分别与 GPS-TEC 数据相减，然后计算差
值的均方根值 RMS，计算结果如图 7-7 所示。综合图 7-6 和图 7-7 可以看出：（1）
在所有的测试时间点上，TECM-JJT 模型始终与 GPS-TEC 数据符合很好，能较好
地反映出 TEC 的变化趋势与细节。（2）IRI2016 模型与 GPS-TEC 数据的附和程
度略低于 TECM-JJT 模型，在一些测试时间内，总体上低估了 TEC 值。（3）
NTCM-GL 模型与 GPS-TEC 数据的附和程度较差，在大部分测试天内（除了 2016
年 3 月 15 日），过高地评估了白天 TEC 的值，有时却又过低地评估了夜间的
TEC 值。

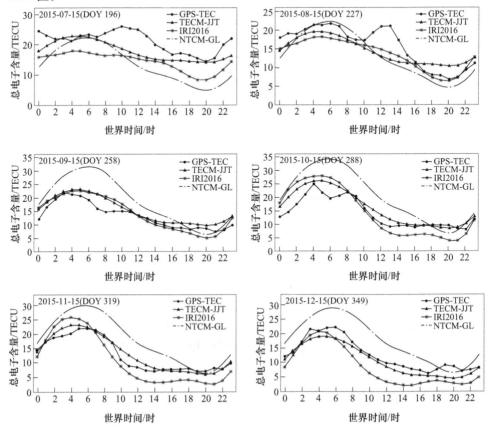

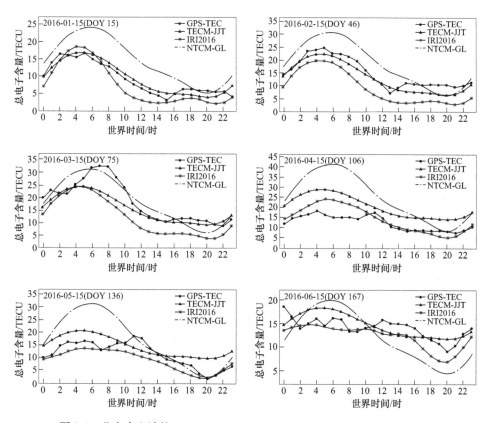

图 7-6 北京房山站的 TECM-JJT、IRI2016、NTCM-GL 和 GPS-TEC 对比图

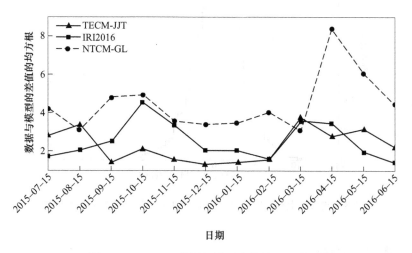

图 7-7 GPS-TEC 数据与模型差值的 RMS 统计

通过上述比较可知，TECM-JJT 模型对电离层 TEC 预测能力总体上优于 NTCM-GL 模型，在大部分情况下优于 IRI2016 模型。

接着，本书以 GPS-TEC 数据为基准，进一步验证了 TECM-JJT 模型的总体预测能力。分别利用 GPS-TEC 和 TECM-JJT 模型计算了 2015 年 7 月 1 日～2016 年 6 月 30 日的北京站上空的 TEC 值，数据采样间隔 30 分钟。将 GPS-TEC 的计算结果与 TECM-JJT 模型的结果相减，并计算二者差值的平均值和均方根值 RMS，如图 7-8 所示。在 2015 年 7 月 1 日～2016 年 6 月 30 日的北京站上空 GPS-TEC 和 TECM-JJT 模型计算的 TEC 差值绝大部分集中在 ±5TECU，差值的平均值为 -0.34TECU，均方根误差为 3.04TECU，标准差为 3.02TECU。同样的，图 7-9 和图 7-10 分别给出了 2015 年 7 月 1 日～2016 年 6 月 30 日时间段内北京站上空 GPS-TEC 和 IRI2016，GPS-TEC 和 NTCM-GL 的比较结果。从图 7-9 和图 7-10 可以看出，GPS-TEC 和两个模型（IRI2016、NTCM-GL）的差值分布均呈现出明显的不对称性；GPS-TEC 和 IRI2016 模型的差值平均值为 1.52TECU，均方根误差为 3.98TECU，标准差为 3.67TECU；GPS-TEC 和 NTCM-GL 模型的差值平均值为 -3.06TECU，均方根误差为 10.69TECU，标准差为 10.24TECU。综上可知，TECM-JJT 模型差值的平均值、均方根误差和标准差都是最小的，在测试时间段（2015 年 7 月 1 日～2016 年 6 月 30 日）内，TECM-JJT 模型的预测能力优于 IRI2016 模型和 NTCM-GL 模型。

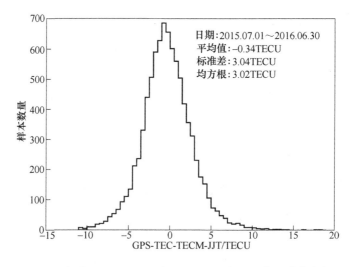

图 7-8　北京站上空 GPS-TEC 与 TECM-JJT 模型差值的分布直方图

7.1.4　模型特点分析

本书以 1999～2015 年的 CODE GIMs 数据为样本，利用非线性最小二乘拟合

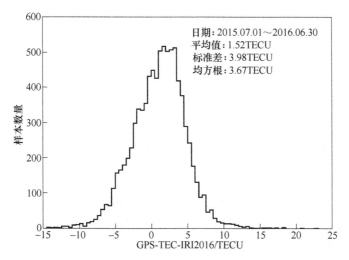

日期:2015.07.01～2016.06.30
平均值:1.52TECU
标准差:3.98TECU
均方根:3.67TECU

图 7-9 北京站上空 GPS-TEC 与 IRI2016 模型差值的分布直方图

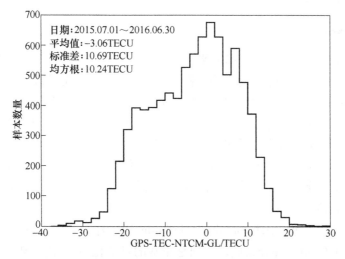

日期:2015.07.01～2016.06.30
平均值:−3.06TECU
标准差:10.69TECU
均方根:10.24TECU

图 7-10 北京站上空 GPS-TEC 与 NTCM-GL 模型差值的分布直方图

技术，建立了京津唐地区的电离层经验模型。16 年的样本数据跨越 1.5 个太阳活动周期，这使得建立的 TECM-JJT 模型更具代表性和可靠性。另外，在不同太阳活动强度背景下，本书利用 IRI2016、NTCM-GL 模型和 GPS-TEC 数据，对 TECM-JJT 模型进行了验证评估。结果表明，TECM-JJT 模型与 GPS-TEC 数据符合得很好，优于 NTCM-GL 模型和 IRI2016 模型。

建模区域选在位于中纬度的京津唐地区，因为远离赤道，该区域基本不受电离层赤道异常的影响，模型无需考虑赤道异常的改正；远离极区，也不受极昼极夜的影响。因此，TECM-JJT 模型可以看做是中纬度地区电离层经验模型的特例。

此建模方法可推广应用于建立其他中纬度（MSNA 区域除外）小范围（5°×5°）地区上空电离层经验模型。

TECM-JJT 模型中的日变分量将 TEC 的日变化特性视为统一的，并未涉及中纬度地区的 MSNA 现象。因此，该模型不适合 MSNA 区域，这一结论将在 7.2 节中详细说明。针对 TECM-JJT 模型在适用范围上的缺陷，7.2 节介绍了 MSNA 区域的电离层 TEC 经验模型的建立方法。

7.2 MSNA 区域电离层经验 TECM-NEC

相关研究表明，夏季夜间中纬度异常存在于南北半球中纬度地区，主要发生的区域为（40°~60°N，120°~140°E）和（30°~90°S，30°~150°W），分别对应亚洲东部（中国东北及日本北部地区）和南极半岛附近的威德尔海区域。考虑到南半球的 MSNA 区域已经在单站电离层 TEC 经验模型中研究过了，本节重点研究北半球 MSNA 区域的电离层经验模型建立方法。以北半球 MSNA 的典型区域——中国东北地区为例，建立了 TECM-NEC 模型。

7.2.1 建模方法

中国东北地区位于（40°~50°N，120°~130°E），远离赤道，基本不受电离层赤道异常（EIA 北驼峰）的影响，模型无需考虑赤道异常的改正。该区域是典型的 MSNA 地区，需添加 MSNA 改正。另外，该建模区域范围为（10°×10°），范围较大，地磁纬度对电离层 TEC 的影响不可忽略。因此，与 TECM-JJT 模型相比，TECM-NEC 模型新增加了 MSNA 改正和地磁活动分量。TECM-NEC 模型是年积日、地方时、经度、纬度和太阳活动参数的函数，可表达为 4 个分量相乘的形式，分别是日变分量 F_1、季节变化分量 F_2、随地磁变化分量 F_3 和随太阳活动变化分量 F_4，表达式如下：

$$\text{TEC}(\text{DOY}, \text{LT}, \text{longtitude}, \text{latitude}, \text{F10.7p}) = F_1 F_2 F_3 F_4 \tag{7-9}$$

日变分量 F_1 由三部分组成，分别是正常的日变化模型 Ψ_1，MSNA 改正模型 Ψ_2 和昼夜比改正模型 Ψ_3。

$$F_1 = \Psi_1 + \Psi_2 + \Psi_3 \tag{7-10}$$

正常的日变化模型 Ψ_1 与 TECM-JJT 的日变分量 F_1 是一致的，采用 4 个谐波，4 个修正参数和太阳辐射分布函数组合的形式：

$$\Psi_1 = \cos\chi_2 + \cos\chi_1 \sum_{i=1}^{4} a_i \cos\left(i\frac{2\pi}{24}\text{LT} + b_i\right) \tag{7-11}$$

$$\cos\chi_0 = \sin\varphi\sin\delta + \cos\varphi\cos\delta \tag{7-12}$$

$$\cos\chi_1 = \cos\chi_0 - \frac{2\varphi}{\pi}\sin\delta \tag{7-13}$$

$$\cos\chi_2 = \sqrt{\cos\chi_0 + 0.4} \qquad (7\text{-}14)$$

其中的各种参数的意义与 7.1.1 的参数相同。MSNA 改正模型 Ψ_2 是年积日和地方时的函数，表达式为：

$$\Psi_2 = \cos\left[\frac{2\pi(\text{DOY} - \text{DOY}_{MSNA})}{365.25}\right]\sum_{i=1}^{4} c_i \cos\left(i\frac{2\pi}{24}\text{LT} + d_i\right) \qquad (7\text{-}15)$$

考虑到 MSNA 出现的时间为夏季，其 TEC 日变化特性和冬季恰好相反，因此，取 $\text{DOY}_{MSNA} = 181$。利用 $\cos\left[\dfrac{2\pi(\text{DOY} - \text{DOY}_{MSNA})}{365.25}\right]$ 定位需要修正的时间段，然后利用 $\sum\limits_{i=1}^{4} c_i \cos\left(i\dfrac{2\pi}{24}\text{LT} + d_i\right)$ 对 MSNA 日变化特性进行修正。

此外，TECM-NEC 模型的日变分量 F_1 中新增添了昼夜比改正模型 Ψ_3。在本书中，昼夜比被定义为白天的 TEC 均值与夜间的 TEC 均值的比值。白天取当地时间 6:00~18:00，夜间取当地时间 18:00~次日 6:00。图 7-11 给出了 2000 年、2004 年、2008 年和 2012 年的昼夜比的月最大值序列和月均值序列。从图 7-11 这两幅图可以看出，昼夜比存在明显的季节变化特性，一般在夏季（6 月、7 月、8 月）达到最小值，在冬季（11 月、12 月、1 月）达到最大值。在冬季时，昼夜比与太阳活动强度呈现正相关关系。例如，2000 年是太阳活动高峰年，冬季的昼夜比是最大的；2008 年是太阳活动低谷年，冬季的昼夜比是最小的。这一规律与电离层电子密度冬季夜间增强现象密切相关。在中纬度地区，电离层电子密度夜间增强现象多出现在冬季（Jakowski and Forster，1995；Mikhailov and Forster，1999；Mikhailov et al.，2000a and 200b），并且在太阳活动较低时，最为强烈（Dabas and Kersley，2003，Farelo et al.，2002，Luan et al.，2008，Mikhailov et al.，2000a）。因此，昼夜比的改正主要针对冬季，其改正模型主要涉及太阳活动参数

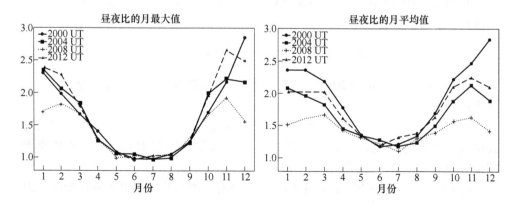

图 7-11 昼夜比时间系列

和季节变化两种因素。昼夜比改正模型 Ψ_3 的表达式为：

$$\Psi_3 = S_1 + S_2 + S_3 + S_4 \tag{7-16}$$

$$S_1 = INT\big[(200 - F10.7p)/120\big] \cdot$$
$$\sum_{i=1}^{2} e_i \Big\{ INT\big[(-1)^{i+1} \cdot \cos(2\pi \frac{DOY}{365.25}) + 1\big] \cdot \cos(2\pi \cdot \frac{LT}{24} + f_i) \Big\} \tag{7-17}$$

$$S_2 = \big\{ INT\big[(200 - F10.7p)/80\big] - INT\big[(200 - F10.7p)/120\big] \big\} \cdot$$
$$\sum_{i=3}^{4} e_i \Big\{ INT\big[(-1)^{i+1} \cdot \cos(2\pi \frac{DOY}{365.25}) + 1\big] \cdot \cos(2\pi \cdot \frac{LT}{24} + f_i) \Big\} \tag{7-18}$$

$$S_3 = \big[INT(F10.7p/121) - INT(F10.7p/160) \big] \cdot$$
$$\sum_{i=5}^{6} e_i \Big\{ INT\big[(-1)^{i+1} \cdot \cos(2\pi \frac{DOY}{365.25}) + 1\big] \cdot \cos(2\pi \cdot \frac{LT}{24} + f_i) \Big\} \tag{7-19}$$

$$S_4 = INT(F10.7p/160) \cdot$$
$$\sum_{i=7}^{8} e_i \Big\{ INT\big[(-1)^{i+1} \cdot \cos(2\pi \frac{DOY}{365.25}) + 1\big] \cdot \cos(2\pi \cdot \frac{LT}{24} + f_i) \Big\} \tag{7-20}$$

其中，S_1，S_2，S_3 和 S_4 分别是不同太阳活动强度下的昼夜比改正分量，对应的太阳活动强度分别是 F10.7p < 80sfu，80sfu < F10.7p < 120sfu，120sfu < F10.7p < 160sfu，和 F10.7p > 160sfu。$INT\big[(-1)^{i+1} \cdot \cos(2\pi \frac{DOY}{365.25}) + 1\big]$ 将时间固定在当地的冬季，$\cos(2\pi \cdot \frac{LT}{24} + f_i)$ 可修正 TEC 日变的波动振幅。

与 TECM-JJT 模型相似，TECM-NEC 经验模型的季节变化分量可表示为 4 个谐波和 4 个修正参数组合的形式：

$$F_2 = 1 + \sum_{i=1}^{4} g_i \cos(i\frac{2\pi}{365}DOY + h_i) \tag{7-21}$$

参考 Jakowski et al.（2011）的研究结果，TEC 随地球磁场的变化分量可以表述为：

$$F_3 = 1 + l \cdot \cos\varphi_m \tag{7-22}$$

其中，φ_m 为地磁纬度，其数值是通过最新发布第 12 代国际地磁参考场模型（Thebault et al.，2015）获得。

将太阳活动参数 F10.7p 和电离层 TEC 的关系视为线性，引入到模型中，因此，太阳活动变化分量可以表述为：

$$F_4 = m + n \cdot F10.7p \tag{7-23}$$

7.2.2 模型结果及测试

TECM-NEC 模型的建模数据集来自 1999 年 1 月 1 日~2015 年 6 月 30 日的 CODE GIMs。数据处理方式依然按照 5.4 节描述的预处理策略,即仅选取了地磁平静日和太阳活动指数 F10.7 低于 200sfu 条件下的 TEC 值。建模数据集的样本大小为 767880 个。将建模数据集应用于上述数学模型,通过非线性最小二乘方法拟合得到了 TECM-NEC 模型的 43 个待估参数在 95% 置信区间下的拟合结果,如表 7-2 所示。

参数拟合的质量可以通过模型残差进行评估,图 7-12 和表 7-3 分别给出了残差的分布直方图和残差的分布统计。从图 7-12 和表 7-3 可以看出模型残差呈现出正态分布的特性,并且大部分残差集中在 ±5TECU 以内。TECM-NEC 模型残差的平均值为 0.027TECU,均方根误差为 2.76TECU,标准差为 2.76TECU。

表 7-2 TECM-NEC 模型系数在 95% 置信区间下的拟合结果

系数	估值	95%置信区间
a1	−0.61200	±0.007902
a2	0.12579	±0.000868
a3	−0.03346	±0.000865
a4	−0.01248	±0.000864
b1	12.22320	±0.012729
b2	6.53350	±0.006886
b3	20.53264	±0.025833
b4	0.54197	±0.069306
c1	0.20206	±0.002143
c2	0.18650	±0.000859
c3	0.05312	±0.000853
c4	0.05106	±0.000852
d1	−50.39196	±0.010427
d2	8.87831	±0.004572
d3	1.39780	±0.016037
d4	5.22336	±0.016686
e1	0.16543	±0.006221
e2	−0.11224	±0.006070
e3	0.05953	±0.005828
e4	0.10453	±0.005650
e5	−0.08429	±0.005707
e6	0.05131	±0.005588

续表 7-2

系数	估值	95%置信区间
e7	0.15947	±0.005837
e8	0.06628	±0.005737
f1	−0.30240	±0.037185
f2	3.42655	±0.053881
f3	−0.13965	±0.096947
f4	0.86824	±0.054673
f5	−0.21653	±0.066933
f6	0.80954	±0.110050
f7	28.41651	±0.036324
f8	5.07079	±0.086801
g1	−0.11169	±0.000572
g2	−0.18009	±0.000559
g3	−0.05297	±0.000545
g4	−0.00881	±0.000545
h1	0.75887	±0.005123
h2	−0.43050	±0.003042
h3	−25.29804	±0.010435
h4	2.07673	±0.061086
l	1.36135	±0.049555
m	−2.33175	±0.046016
n	0.08385	±0.001622

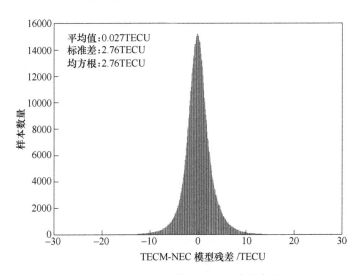

图 7-12   TECM-NEC 模型的残差分布直方图

表 7-3 模型残差分布统计

区间/TECU	百分比/%
[-5, 5]	92.71
[-10, 10]	99.35
[-15, 15]	99.94
[-20, 20]	99.99

本书以 2009 年和 2012 年的春分、夏至、秋分和冬至的时间为例，测试了 TECM-NEC 模型拟合建模数据 CODE GIMs 的能力。首先，在测试时间内，利用 TECM-NEC 模型和 CODE GIMs 分别计算了建模区域 15 个格网点上的 TEC 值。然后，将这 15 个网格点的 TEC 取平均值，得到了建模区域上空的平均 TEC 日变序列，如图 7-13 和图 7-14 所示。从图 7-13、图 7-14 可以看出，在测试时间段内，TECM-NEC 模型能较好地拟合建模数据 CODE GIMs。另外，从 2009 年夏至和 2012 年夏至的测试图可以看出，建模区域内的 TEC 存在明显的 MSNA 现象，TECM-NEC 模型较好地反映了该现象。

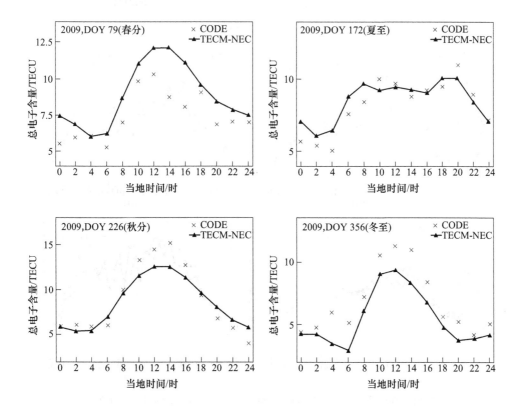

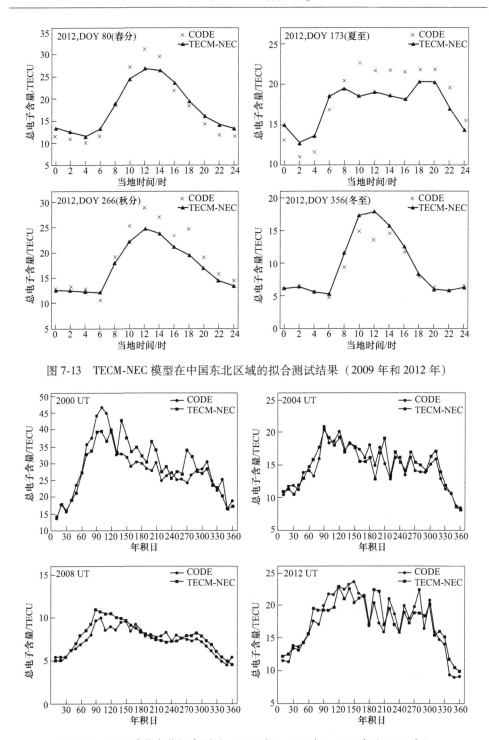

图 7-13　TECM-NEC 模型在中国东北区域的拟合测试结果（2009 年和 2012 年）

图 7-14　TEC 季节变化拟合测试（2000 年、2004 年、2008 年和 2012 年）

接着，本书从季节变化的角度，进一步测试了 TECM-NEC 模型对 CODE GIMs 的拟合能力。取 2000 年、2004 年、2008 年和 2012 年作为测试年。从每年的第 10 个年积日开始，每隔 10 天取建模区域内的 TEC 日均值，组成 TEC 的 10 日变化序列，该序列能体现出 TEC 的季节变化特性，如图 7-14 所示。从图 7-14 可以看出：（1）TEC 呈现出明显的季节变化特性。TECM-NEC 模型和 CODE GIMs 均表现出了电离层 TEC 的半年度异常（Yu et al.，2004）变化特性，即 TEC 极大值出现在了春秋季，极小值出现在冬夏季，并且这种现象在太阳活动高峰年（2001 年）表现得尤为明显。（2）建模区域（京津唐地区）不存在 TEC 冬季异常（Lee et al.，2011）现象，即 TEC 在冬季大于夏季。有研究（余涛等，2006）表明，TEC 冬季异常现象不是普遍存在的，只在北半球的近极地区（北美和北欧）才有冬季异常现象出现。（3）2004 年、2008 年和 2012 年 TECM-NEC 模型对建模数据拟合较好，能很好地描述出 TEC 的季节波动细节；2000 年 TECM-NEC 模型对建模数据拟合稍差。这可能是由于 2000 年太阳活动剧烈，有时太阳活动指数 F10.7 超过了 200sfu，而 TECM-NEC 模型是建立在太阳活动相对平缓（F10.7 < 200sfu）的条件下。

本书接着测试了 TECM-NEC 模型对 MSNA 现象和冬季夜间 TEC 增强现象的描述能力。本书将 TECM-NEC 的日变分量中的 MSNA 改正模型 Ψ_2 和昼夜比改正模型 Ψ_3 去掉，并应用于中国东北地区，得到的模型取名为 TECM-NEC-0。将 TECM-NEC 模型和 TECM-NEC-0 模型分别与建模数据 CODE GIMs 进行比较，以说明 TECM-NEC 日变分量中添加 MSNA 改正模型 Ψ_2 和昼夜比改正模型 Ψ_3 的优势。首先，以建模区域内的一个格网点（50°N，130°E）为例，选取 1999 年、2004 年、2008 年和 2012 年第 190 天（当地时间为夏季）为测试时间段，比较了 TECM-NEC、TECM-NEC-0 和 CODE GIMs，如图 7-15 所示。从图 7-15 可以看出，TECM-NEC 可有效地描述出 TEC 的 MSNA 现象，即 TEC 在当地时间中午前后降低，而在夜间增强的现象。TECM-NEC-0 模型由于在日变分量中缺少了 MSNA 改正模型 Ψ_2，其计算得到 TEC 日变曲线类似于余弦函数曲线，不存在正午降低和夜间增强的特性，不能描述 MSNA 现象。接着，本书以建模区域内的另一个格网点（42.5°N，125°E）为例，选取 2000 年、2004 年、2008 年和 2012 年第 1 天（当地时间为冬季）为测试时间段，比较了 TECM-NEC、TECM-NEC-0 和 CODE GIMs，如图 7-16 所示。从图 7-16 的椭圆形标记 A 和 B 处可以看出，TECM-NEC 可有效地描述出 TEC 的冬季夜间增强现象；TECM-NEC-0 模型由于在日变分量中缺少了昼夜比改正模型 Ψ_3，其计算得到 TEC 日变曲线在夜间不存在上升的趋势，无法拟合夜间 TEC，不能描述 TEC 的冬季夜间增强现象。

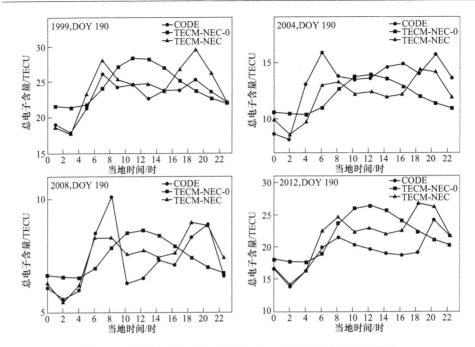

图 7-15　格网点（50°N，130°E）上空 MSNA 现象的测试结果

（1999 年、2004 年、2008 年、2012 年（DOY190，对应夏季），CODE GIMs、TECM-NEC 和 TECM-NEC-0 的对比图）

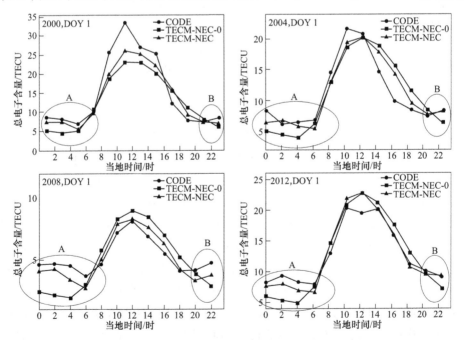

图 7-16　格网点（42.5°N，125°E）上空冬季夜间 TEC 增强现象的测试结果

（2000 年、2004 年、2008 年、2012 年（DOY 1，对应冬季），CODE GIMs、TECM-NEC 和 TECM-NEC-0 的对比图）

综合以上测试可以看出，TECM-NEC 模型较好地拟合了建模数据 CODE GIMs，具有描述 MSNA 和 TEC 冬季夜间增强现象的能力。

7.2.3 模型验证及比较

TECM-NEC 模型的建模数据 CODE GIMs 的时间跨度为 1999 年 1 月 1 日~2015 年 6 月 30 日。因此，本书选取建模时间段以外的时间，利用 GPS-TEC 数据和 IRI2016 模型，对 TECM-NEC 模型进行验证，以评估该模型的预测能力。选取的验证时间为：2015 年 8 月 1 日，10 月 1 日，12 月 1 日；2016 年 2 月 1 日，4 月 1 日，6 月 1 日，8 月 1 日，10 月 1 日，12 月 1 日；2017 年 2 月 1 日。测试地点为位于建模区域内的长春站（43.8°N，125.4°E）。图 7-17 给出了 TECM-NEC 模型、IRI2016 模型和 GPS-TEC 数据的对比结果。以 GPS-TEC 数据为基准，TECM-NEC 模型和 IRI2016 模型均与之比较。将每个测试天内的 TECM-JJT 模型和 IRI2016 模型结果分别与 GPS-TEC 数据相减，然后计算差值的均方根值 RMS，计算结果统计在图 7-18 中。从图 7-17 和图 7-18 中可以看出：（1）在所有的测试天内，TECM-NEC 模型与 GPS-TEC 数据符合都很好，二者差值的均方根值 RMS 集中在 1~3TECU；（2）在 2016 年 8 月 1 日，IRI2016 模型与 GPS-TEC 数据符合得较好，但在其他大部分测试天内，IRI2016 在白天过高地估计了 TEC 值，晚上过低的估计了 TEC 值，二者差值的均方根值 RMS 集中在 2~4TECU；（3）在 2015 年 8 月 1 日和 2016 年 8 月 1 日，TECM-NEC 模型和 IRI2016 模型均能较好描述 MSNA 变化特征。（4）在 2015 年 12 月 1 日、2016 年 2 月 1 日、2016 年 12 月 1 日和 2017 年 2 月 1 日，TECM-NEC 模型较好地描述了冬季夜间 TEC 增强现象。

总的来说，TECM-NEC 模型具有较好的预测能力，与 GPS-TEC 模型符合得较好，优于 IRI2016 模型。

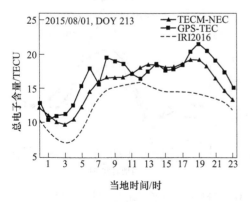
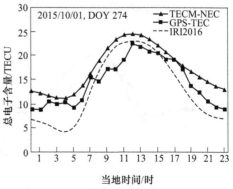

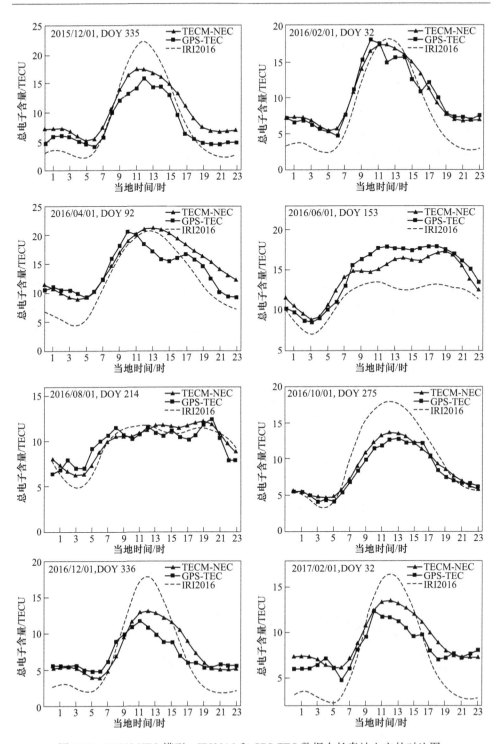

图 7-17　TECM-NEC 模型、IRI2016 和 GPS-TEC 数据在长春站上空的对比图

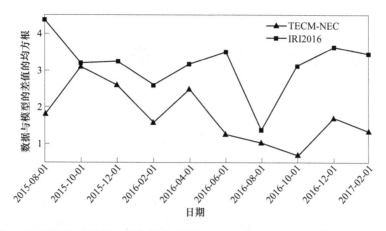

图 7-18　GPS-TEC 数据与两个模型（TECM-NEC 和 IRI2016）差值的 RMS 统计

7.3　本章小结

　　本章以 1999 年 1 月 1 日~2015 年 6 月 30 日的 CODE GIMs 为建模数据集，采用非线性最小二乘拟合法，分别建立了京津唐地区和中国东北地区的 TEC 区域经验模型，分别将其命名为 TECM-JJT 模型和 TECM-NEC 模型。接着，根据这两个模型的残差分布及统计参数对模型进行了评估，并且从日变、季节变化两方面测试了模型对建模数据的拟合能力。最后，在不同太阳活动强度背景下，利用 IRI2016、NTCM-GL 模型和 GPS-TEC 数据，对两个模型进行了评估。结果表明：TECM-JJT 模型与 GPS-TEC 数据符合得很好，优于 NTCM-GL 模型和 IRI2016 模型；TECM-NEC 模型能有效地描述 MSNA 现象和冬季夜间 TEC 增强现象，模型预测能力优于 IRI2016 模型。

　　TECM-JJT 模型可以看做是中纬度地区电离层经验模型的特例。此建模方法可推广应用于建立其他中纬度（MSNA 区域除外）小范围（5°×5°）地区上空电离层经验模型。TECM-NEC 模型中添加了 MSNA 改正项，适用于典型的 MSNA 区域。

8 全球 TEC 经验模型的建立

<<<<<<<<<<<<<<<<<<<<<<<<<<<<<<<<<<<<<<<<<<<<<<<<<<<<<<<<<<<<<<

本书的绪论部分从两个方面分析了制约全球电离层 TEC 经验模型精度的因素，分别是：第一，在建模时，未能将电离层的各种异常现象模型化。全球模型应充分考虑各种异常现象及其地域上的差异性，并将其合理模型化，如此才能准确地描述电离层变化特性。在实际建模过程中，很难做到这一点。第二，由于 IGS 站全球分布不均匀，表现为欧洲和北美洲地区分布稠密，其他地区分布相对稀少，海洋上空更是缺少测站，这导致 GIMs 的精度在全球范围内不统一。将精度不统一的 GIMs 作为建模数据集，采用非线性最小二乘等权处理是不合理的。

为了解决以上两种因素对全球性建模带来的困扰，本书提出了一种新的建模思想，既可以不用考虑电离层异常现象的地域性差异，也可以有效避免建模数据精度不统一的问题。该模型的建模思想源于单站电离层 TEC 经验模型，将全球分为 5183 个网格点（经度 5°×纬度 2.5°），在每个网格点上建立一个单站电离层 TEC 经验模型作为子模型，共 5183 个子模型。故将该模型命名为 TECM-GRID 模型，是 5183 个子模型的集合。

8.1 建模方法

TECM-GRID 的子模型按照 CODE GIMs 的网格点分布，分别对应 CODE GIMs 的 5183 个网格点。基于网格点的建模方式，使得 TECM-GRID 模型有效地避免了仅与位置相关的电离层异常对模型的影响，例如，电离层赤道异常现象。但是，TECM-GRID 模型的建模方式无法回避与时间有关的电离层异常现象，如 MSNA 现象。因此，TECM-GRID 模型的 5183 个子模型并非仅使用一种建模函数。TECM-GRID 模型主要考虑了 MSNA 现象对单站建模方法的影响，在不同的区域使用了两种不同的单站 TEC 经验模型，分别是 SSM-T1 和 SSM-T2。SSM-T1 和 SSM-T2 模型的建模方法、模型测试和适用范围已分别在 6.1 和 6.2 节中做了详细的介绍。由 SSM-T1 和 SSM-T2 的模型测试结果可以看出，SSM-T1 可用于除了 MSNA 以外区域的单站建模，SSM-T2 可用于 MSNA 区域内的单站建模。相关研究（Lin et al.，2009）表明，夏季夜间中纬度异常存在于南北半球中纬度地区，主要的发生区域为（40°~60°N，120°~140°E）和（30°~90°S，30°~150°W），分别对应亚洲东部（中国东北及日本北部地区）和南极半岛附近的威德尔海区域。因此，在 MSNA 区域（40°~60°N，120°~140°E）和（30°~90°S，30°~150°W），

TECM-GRID 的子模型使用 SSM-T2 的建模方法；在全球的其他区域，TECM-GRID 的子模型使用 SSM-T1 的建模方法。

8.2　模型结果及测试

本书采用 CODE GIMs 进行建模，取 1999 年 1 月 1 日~2015 年 6 月 30 日每个网格点上 TEC 序列，作为每个子模型的建模数据集。将建模数据集分别应用于对应的 SSM-T1 和 SSM-T2 模型，利用非线性最小二乘法拟合得到每个子模型的待定系数在 95% 置信区间下的拟合结果。由于 TECM-GRID 模型包含 5183 个子模型，模型系数数量巨大，限于篇幅，本书并未一一列出每个模型的待定系数拟合结果。

本书统计分析了 TECM-GRID 的每个子模型的模型残差，以评估 TECM-GRID 总体上对建模数据的拟合效果。将 TECM-GRID 模型的 5183 个子模型的模型残差集合在一起，形成 TECM-GRID 的模型残差。图 8-1 给出了 TECM-GRID 的模型残差分布直方图。从图 8-1 可以看出模型残差呈现出正态分布的特性，并且大部分残差集中在 ±5TECU 以内。TECM-GRID 模型残差的平均值为 −0.01TECU，均方根误差为 3.75TECU，标准差为 3.75TECU。将 TECM-GRID 模型与同类的 NTCM-GL 模型（Jakowski et al.，2011）进行比较。NTCM-GL 模型残差的平均值为 0.3TECU，均方根误差为 7.516TECU，标准差为 7.5TECU。由此可见，TECM-GRID 模型具有明显的优势。

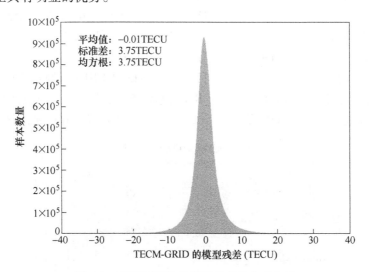

图 8-1　TECM-GRID 的模型残差分布直方图

接着，本书综合了每一个子模型的模型残差，在全球范围内形成了模型残差 RMS 值的等值线图，如图 8-2 所示。从图 8-2 可以看出，TECM-GRID 的模型残差在两极地区最小，在磁赤道南北两侧 30°附近达到最大值。模型残差 RMS 值的分布特性与全球 TEC 的分布特性是一致的。TEC 的全球分布特性可以描述为：由于太阳辐射从两极到赤道呈现增加的趋势，TEC 从两极到赤道也呈现出增加的趋势，在两极最小，在低纬度地区最大；另外，由于"喷泉效应"的存在，TEC 最大值分布在磁赤道的两侧。由此可见，模型残差的大小和建模数据的数值大小呈现正相关性。建模数据中 TEC 的值越大，对应的模型残差也越大。

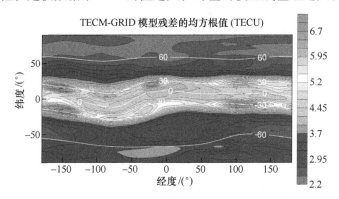

图 8-2   TECM-GRID 子模型的模型残差 RMS 值

根据以上分析，采用模型残差无法分析 TECM-GRID 模型的最优拟合区域和最差拟合区域。为了实现这一目的，本书计算了 TECM-GRID 的每个子模型的模型残差的相对 RMS 值。此处，相对 RMS 为模型残差的 RMS 值与每个网格点上的建模数据平均值之比，用百分比表示。相对 RMS 值可以有效地描述子模型对建模数据拟合的好坏程度。图 8-3 给出了 TECM-GRID 的每个子模型的模型残差的相对 RMS 值的等值线图。从图 8-3 可以看出，TECM-GRID 模型对建模数据的拟合能力在磁赤道附近是最优的，相对 RMS 值在 15%左右；在两极地区是最差的，特别是南极地区，相对 RMS 值高达 50%。TECM-GRID 模型在两极地区表现较差

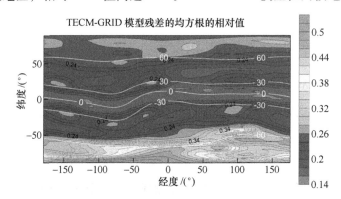

图 8-3   TECM-GRID 子模型的模型残差相对 RMS 值

的主要原因有以下三点：（1）两极地区由于极昼、极夜的存在，TEC 的变化特性规律性很差，无法对其进行准确模型化；（2）极区电离层的电离过程除了依赖于太阳辐射以外，还受到了粒子沉降和焦耳加热的影响。这部分辐射因素难以模型化，未在本书模型中涉及。（3）在南极地区附近，SSM-T2 模型对 MSNA 现象改正不充分。MSNA 发生的季节不止限于当地的夏季，Lin et al.（2010）的研究发现，在南极半岛附近，MSNA 现象在 1 月、2 月、10 月、11 月和 12 月均有可能出现。SSM-T2 中的 MSNA 改正项没有涉及这种季节的不确定性，只是从总体上描述了 MSNA 的变化特性，不能对其进行详细充分的修正。

本书从不同的太阳活动强度、不同的季节，测试了 TECM-GRID 模型对建模数据 CODE GIMs 的拟合能力。以不同的太阳活动年——2004 年、2008 年、2012 年为例，选取每年的春分、夏至、秋分和冬至为测试天，选取 6:00UT 作为测试时刻。图 8-4~图 8-6 分别给出了 2004 年、2008 年和 2012 年的 CODE GIMs 和 TECM-GRID 模型的对比结果。从这三幅图上可以看出：（1）CODE GIMs 和 TECM-GRID 均体现出了 TEC 的赤道异常（EIA）特性，并反映出了典型的 EIA 季节变化特性（Vila，1971；Aydogdu，1988；Zhao et al.，2005；Huang et al.，2013；Xiong et al.，2013）。其中，在春分（3 月 20 日）和秋分（9 月 22 日/23 日）时 EIA 的双驼峰关于磁赤道南北对称；而在夏至（6 月 21 日）和冬至（9 月 21 日）时，EIA 表现出了关于磁赤道的南北半球非对称性，并且偏向夏半球，即夏至时偏向北半球，冬至时偏向南半球。（2）在 2004 年 3 月 20 日、2012 年 3 月 20 日和 6 月 21 日，TECM-GRID 低估了对应时间的 CODE GIMs 绘制的 EIA 峰值。但在其他测试天内，TECM-GRID 模型和 CODE GIMs 在总体上是一致的。（3）在 2004 年 12 月 21 日、2008 年 12 月 21 日和 2012 年 12 月 21 日，CODE GIMs 和 TECM-GRID 均能描述出 MSNA 现象。其中，在 2012 年 12 月 21 日和 2008 年 12 月 21 日，CODE GIMs 和 TECM-GRID 描述的 MSNA 现象是一致的，而在 2004 年 12 月 21 日，二者描述的 MSNA 现象略有差异。

通过以上测试可以看出，TECM-GRID 模型可在总体上较好地拟合 CODE GIMs，能描述 TEC 的全球变化特性。

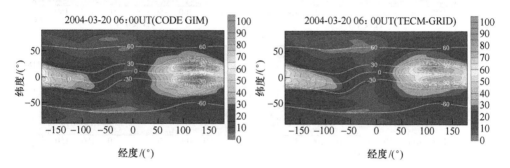

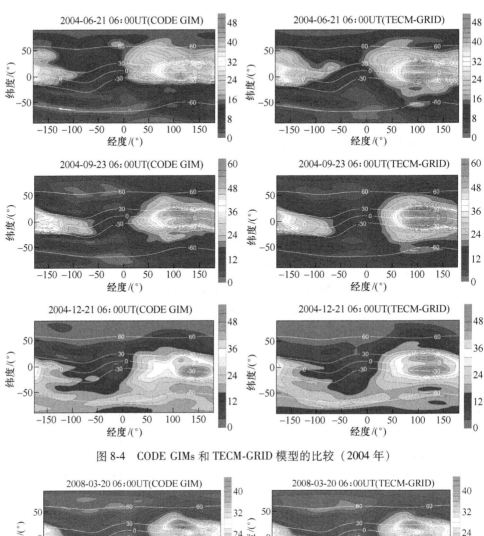

图 8-4　CODE GIMs 和 TECM-GRID 模型的比较（2004 年）

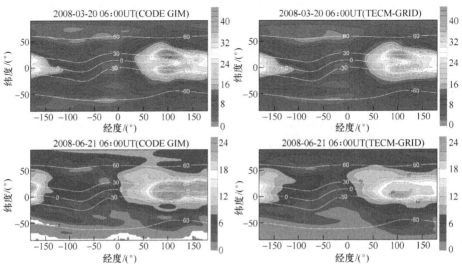

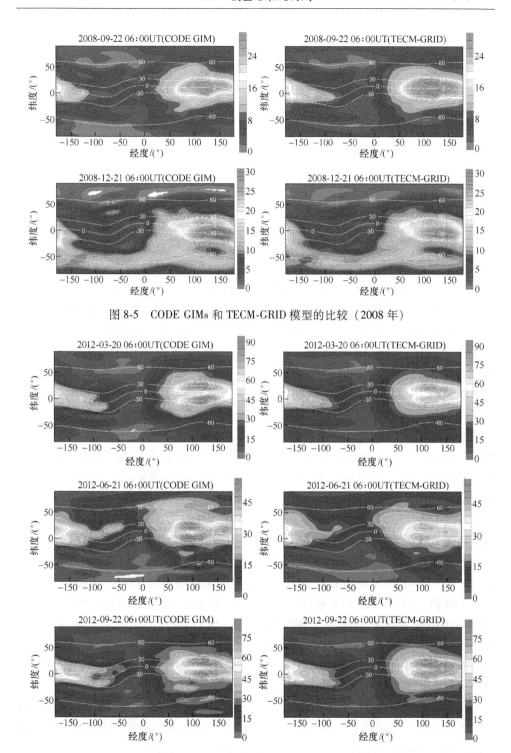

图 8-5　CODE GIMs 和 TECM-GRID 模型的比较（2008 年）

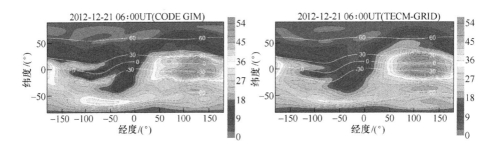

图 8-6　CODE GIMs 和 TECM-GRID 模型的比较（2012 年）

8.3　模型验证及比较

考虑到建模时间段为 1999 年 1 月 1 日 ~ 2015 年 6 月 30 日，本书选取建模时间以外的时间，对 TECM-GRID 模型进行验证。选取的测试时间为 2016 年 2 月 1 日、4 月 1 日、6 月 1 日、8 月 1 日、10 月 1 日和 12 月 1 日的 06：00UT。选取 IRI2016 和 NTCM-GL 模型作为对比。将 TECM-GRID 模型、IRI2016 和 NTCM-GL 模型分别与 CODE GIMs 进行比较，以验证本书模型 TECM-GRID 的预测能力。

图 8-8 ~ 图 8-12 分别给出了 2016 年 2 月 1 日、4 月 1 日、6 月 1 日、8 月 1 日、10 月 1 日和 12 月 1 日的 06：00UT 时刻上，TECM-GRID 模型、IRI2016、NTCM-GL 模型和 CODE GIMs 的全球电离层 TEC 等值线图。需要注意的是，CODE GIMs 绘制的全球电离层 TEC 等值线图在某些区域会出现空白区域，该区域为 CODE GIMs 在内插时出现了负值。这是由于该区域内测站较少或者无测站，电离层穿刺点无法有效覆盖所致（王成等，2014）。

从图 8-7 ~ 图 8-12 可以看出：（1）TECM-GRID 模型、IRI2016 和 CODE GIMs 均能描述 EIA 现象。其中，TECM-GRID 模型描述的 EIA 与 CODE GIMs 的结果最为相近；而 IRI2016 描述的 EIA 双峰过于狭窄和修长，范围超过了 CODE GIMs 的结果。NTCM-GL 模型在所有的测试时刻计算的全球电离层 TEC 图在赤道上空只有一个峰值，不能描述 EIA 现象。（2）在 2016 年 12 月 1 日 06：00UT 时刻，TECM-GRID 模型很好地描述了 MSNA 现象，与 CODE GIMs 的结果最为相近。IRI2016 描述了一小部分区域的 MSNA 现象，而 NTCM-GL 模型的结果则没有体现出任何 MSNA 特性。（3）与 NTCM-GL 模型和 IRI2016 相比，TECM-GRID 模型描述出了更多的电离层 TEC 分布细节，特别是在夜间。

将 CODE GIMs 分别与 TECM-GRID 模型、IRI2016 和 NTCM-GL 模型结果相减，然后计算差值的均方根值 RMS，计算结果统计在表 8-1 中。从表 8-1 中可以看出，CODE GIMs 与 TECM-GRID 的差值的 RMS 始终是最小的。

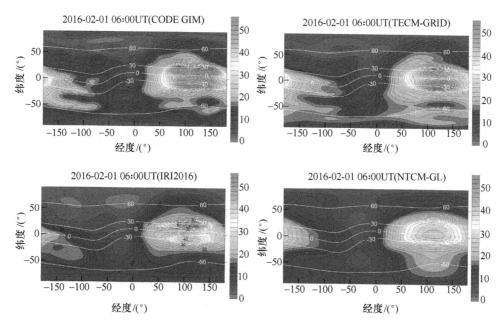

图 8-7 NTCM-GL 模型的预测评估及模型比较（2016-02-01）

（TECM-GRID、CODE GIM、IRI2016 和 NTCM-GL 的对比分析）

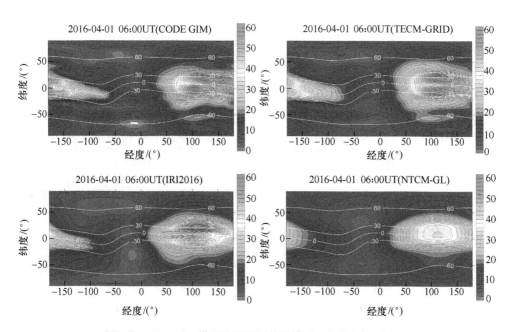

图 8-8 NTCM-GL 模型的预测评估及模型比较（2016-04-01）

（TECM-GRID、CODE GIM、IRI2016 和 NTCM-GL 的对比分析）

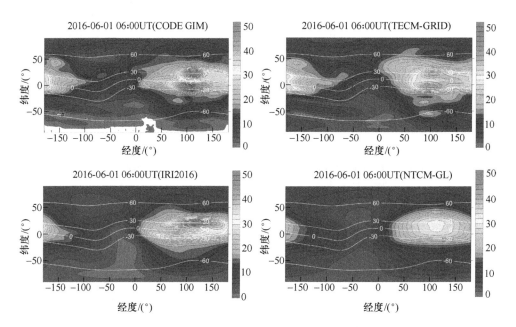

图 8-9　NTCM-GL 模型的预测评估及模型比较（2016-06-01）

（TECM-GRID、CODE GIM、IRI2016 和 NTCM-GL 的对比分析）

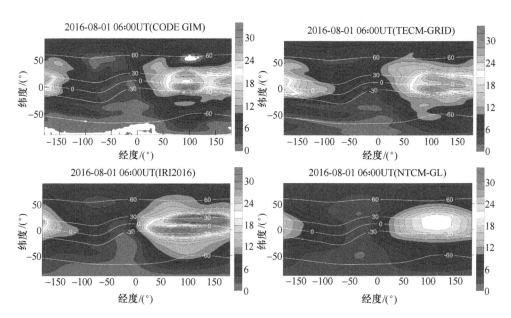

图 8-10　NTCM-GL 模型的预测评估及模型比较（2016-08-01）

（TECM-GRID、CODE GIM、IRI2016 和 NTCM-GL 的对比分析）

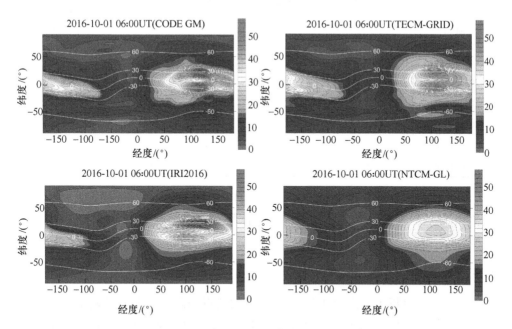

图 8-11　NTCM-GL 模型的预测评估及模型比较（2016-10-01）

（TECM-GRID、CODE GIM、IRI2016 和 NTCM-GL 的对比分析）

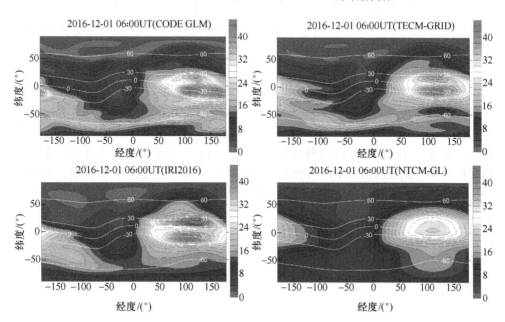

图 8-12　NTCM-GL 模型的预测评估及模型比较（2016-12-01）

（TECM-GRID、CODE GIM、IRI2016 和 NTCM-GL 的对比分析）

表 8-1 CODE GIM 与模型差值的 RMS 统计及最优模型评估

日期	RMS （GIM-TECM-GRID）	RMS （GIM-IRI2016）	RMS （GIM-NTCM-GL）	最优模型
2016/02/01	3.75	5.26	5.67	TECM-GRID
2016/04/01	2.68	5.45	6.19	TECM-GRID
2016/06/01	2.83	3.45	4.74	TECM-GRID
2016/08/01	2.50	3.73	4.06	TECM-GRID
2016/10/01	3.31	3.55	4.51	TECM-GRID
2016/12/01	2.82	3.92	5.53	TECM-GRID

综上所述，在所有的测试时间点内，TECM-GRID 能较好地描述电离层 EIA 现象和 MSNA 现象，与 CODE GIMs 符合得很好，优于 IRI2016 和 NTCM-GL 模型。

8.4 本章小结

本章首先分析了电离层 TEC 总体建模的两点局限性，在此基础上提出了网格点式建模的思想，构建了一个新的全球电离层 TEC 经验模型（TECM-GRID）。该模型包含了 5183 个子模型，分别对应全球范围内的 5183 个网格点（经度 5°×纬度 2.5°）。每个子模型的建模数据集为 1999 年 1 月 1 日~2015 年 6 月 30 日对应 CODE GIMs 网格点上 TEC 序列。根据位置的不同，在 MSNA 区域选取 SSM-T2 模型作为子模型的建模方法，其他区域选取 SSM-T1 作为子模型的建模方法。最后，利用非线性最小二乘法拟合得到每个子模型的待定系数在 95% 置信区间下的拟合结果。

接着，本章统计了 TECM-GRID 模型的模型残差分布，分析了每个子模型的模型残差的 RMS 值和相对 RMS 值，测试了 TECM-GRID 模型对建模数据的拟合能力。最后，在建模时间以外的时间点上，利用 IRI2016、NTCM-GL 模型和 CODE GIMs，对 TECM-GRID 模型进行了验证及模型比较，结果表明，TECM-GRID 能较好地描述电离层 EIA 现象和 MSNA 现象，与 CODE GIMs 符合得很好，优于 IRI2016 和 NTCM-GL 模型。

参 考 文 献

[1] 方涵先,翁利斌,杨升高. IRI、NeQuick 和 Klobuchar 模式比较研究 [J]. 地球物理学进展, 2012, 27 (1): 1~7.

[2] 冯建迪, 姜卫平, 王正涛. 基于 IGS 的南北半球 TEC 非对称性研究 [J]. 武汉大学学报 (信息科学版), 2015, 40 (10): 1354~1359.

[3] 冯建迪, 王正涛, 时爽爽, 等. 总电子含量赤道异常变化特性分析 [J]. 测绘科学, 2016, 41 (6): 44~47.

[4] 冯建迪, 王正涛, 赵珍珍. 卫星导航服务的全球电离层时变特性分析 [J]. 测绘科学, 2015, 40 (2): 13~17.

[5] 耿长江. 利用地基 GNSS 数据实时监测电离层延迟理论与方法研究 [D]. 武汉大学, 2011.

[6] 郭建鹏. 太阳辐射对热层和电离层变化性的影响 [D]. 北京: 中国科学院地质与地球物理研究所, 2008.

[7] 姜卫平, 邹璇, 唐卫明. 基于 CORS 网络的单频 GPS 实时精密单点定位新方法 [J]. 地球物理学报, 2012, 55 (5): 1549~1556.

[8] 李征航, 黄劲松. GPS 测量与数据处理 [M]. 武汉: 武汉大学出版社, 2005.

[9] 李征航, 张小红. 卫星导航定位新技术及高精度数据处理方法 [M]. 武汉: 武汉大学出版社, 2009.

[10] 林恾惠. 电离层与磁层耦合研究 [D]. 武汉: 武汉大学, 2011.

[11] 刘长建. GNSS 电离层建模方法与质量控制研究 [D]. 解放军信息工程大学, 2011.

[12] 马宗晋, 宋晓东, 等. 地球南北半球的非对称性 [J]. 地球物理学报, 2002, 45 (1): 26~32.

[13] 王成, 王解先, 段兵兵. 附有国际参考电离层约束的全球电离层模型 [J]. 武汉大学学报 (信息科学版), 2014, 39 (11): 1340~1346.

[14] 熊年禄. 电离层物理概论 [M]. 武汉: 武汉大学出版社, 1999.

[15] 徐彤, 胡艳莉, 吴健等. 中国大陆 14 次强震前电离层异常统计分析 [J]. 电波科学学报, 2012, 27 (3): 507~512.

[16] 余涛, 万卫星, 刘立波, 等. 利用 IGS 数据分析全球 TEC 的周年和半年变化特性 [J]. 地球物理学报, 2006, 49 (4): 943~949.

[17] 张强, 赵齐乐, 章红平, 等. 北斗卫星导航系统 Klobuchar 模型精度评估 [J]. 武汉大学学报信息科学版, 2014, 39 (2): 142~146.

[18] 张瑞. 多模 GNSS 实时电离层精化建模及其应用研究 [D]. 武汉大学, 2013.

[19] Abdu M A, Walker G O, Reddy B M, et al. Electric field versus neutral wind control of the equatorial anomaly under quiet and disturbed condition: a global perspective from SUNDIAL [J]. Ann. Geophys, 1990, (8): 419~430.

[20] Alizadeh M M, Schuh H, Todorova S, et al. Global Ionosphere Maps of VTEC from GNSS, satellite altimetry, and formosat-3/COSMIC data [J], Journal of Geodesy. 2011, 85 (12): 975~987.

［21］ Apostolov E M, Alberca L F, Pancheva D. Long-term prediction of the fo F_2 on the rising and falling parts of the solar cycle ［J］. Advances in Space Research, 1994, 14 (12): 178.

［22］ Appleton E V. Two Anomalies in the Ionosphere ［J］. Nature, 1946, 157 (157): 691.

［23］ Asmare Y, Kassa T, Nigussie M. Validation of IRI-2012 TEC model over Ethiopia during solar minimum (2009) and solar maximum (2013) phases ［J］. Advances in Space Research, 2014, 53 (11): 1582~1594.

［24］ Aydogdu M, 1988. North-south asymmetry in the ionospheric equatorial anomaly in the African and the West Asian regions produced by asymmetrical thermo- spheric winds. Journal of Atmospheric and Terrestrial Physics 50, 623 ~ 627, http: //dx. doi. org/10. 1016/0021-9169 (88) 90060-8.

［25］ Bagiya M S, Joshi H P, Iyer K N, et al. TEC variations during low solar activity period (2005-2007) near the Equatorial Ionospheric Anomaly Crest region in India ［J］. Annales Geophysicae, 2009, 27 (3): 1047~1057.

［26］ Bilitza D, Altadill D, Reinisch B, et al. The International Reference Ionosphere: Model Update 2016 ［C］// EGU General Assembly. 2016.

［27］ Bilitza D. The Importance of EUV Indices for the International Reference Ionosphere. Phys Chem Earth (C), 2000, 25: 515~521.

［28］ Bouya Z, Terkildsen M, Neudegg D. Regional GPS-based ionospheric TEC model over Australia using Spherical Cap Harmonic Analysis ［C］// COSPAR Scientific Assembly. 38th COSPAR Scientific Assembly, 2010: 4.

［29］ Bowman B R, The Semiannual Thermospheric Density Variation From 1970 to 2002 between 200-1100km, paper presented at 14th Space Flight Mechanics Meeting, Am Inst of Aeronaut and Astronaut. , Maui, Hawaii, 2004.

［30］ Bramley E N, Peart M. Effect of ionization transport on the equatorial F region ［J］. Nature, 1965 (206): 705~706.

［31］ Briggs B H, Parkin I A. On the variation of radio star and satellite scintillations with zenith angle ［J］. Journal of Atmospheric & Terrestrial Physics, 1963, 25 (6): 339~366.

［32］ Chen Z, Zhang S, Coster A J, et al. EOF analysis and modeling of GPS TEC climatology over North America ［J］. Journal of Geophysical Research Space Physics, 2015, 120 (4): 3118~3129.

［33］ Coïsson P, Radicella S M, Leitinger R, et al. Topside electron density in IRI and NeQuick: Features and limitations ［J］. Advances in Space Research, 2006, 37 (5): 937~942.

［34］ Crocetto N, Pingue F, Ponte S, et al. Ionospheric error analysis in gps measurements ［J］. Annals of Geophysics, 2008, 51 (4): 585~595.

［35］ Bilitza D, Reinisch B. International Reference Ionosphere 2007: Improvements and new parameters, J. Adv. Space Res. , 42, #4, 599-609, doi: 10. 1016/j. asr. 2007. 07. 048, 2008.

［36］ Bilitza D, Altadill D, Zhang Y, et al. Reinisch B: The International Reference Ionosphere 2012-a model of international collaboration, J. Space Weather Space Clim. , 4, A07, 1-12, doi: 10. 1051/swsc/2014004, 2014.

[37] Bilitza D. International Reference Ionosphere 2000, Radio Science 36, #2, 261-275, 2001.

[38] Dabas R S, Kersley L. Study of mid-latitude nighttime enhancement in F-region electron density using tomographic images over the UK. Annales Geophysicae 21, 2323-8, 2003.

[39] Dana R A, Knepp D L. The Impact of Strong Scintillation on Space Based Radar Design I: Coherent Detection [J]. IEEE Transactions on Aerospace & Electronic Systems, 1983, 19 (4): 539~549.

[40] Dellinger J H. Sudden ionospheric disturbances [J]. Terrestrial Magnetism & Atmospheric Electricity, 1937, 42 (1): 49~53.

[41] Doherty P H, Delay S H. Ionospheric Scintillation Effects in the Equatorial and Auroral Regions [M] // Navigation. 2000: 235~245.

[42] Donnelly R F, Heath D F, Lean J, et al. , Differences in the temporal variationsof solar UV flux, 10. 7 cm solar radio flux, sunspot number, and Ca-K plage data caused by solar rotation and active region evolution, J. Geophys. Res. , 1983, 88 (A1 2): 9883~9888.

[43] Duncan R A. The equatorial F-region of the ionosphere [J]. Journal of Atmospheric & Terrestrial Physics, 1960, 18 (2-3): 89~100.

[44] E A, Zhang D H, Xiao Z, et al. Modeling ionospheric fo F_2 by using empirical orthogonal function analysis [J]. Ann. Geophys. , 2011, 29: 1501~1515.

[45] Ercha A, Zhang D, Ridley A J, et al. A global model: Empirical orthogonal function analysis of total electron content 1999-2009 data [J]. Journal of Geophysical Research Atmospheres, 2012, 117 (A3): 3328.

[46] Farelo A F, Herraiz M, Mikhailov A V. Global morphology of night-time $N_m F_2$ enhancements. Annales Geophysicae 20, 1795~1806, 2002.

[47] Feltens J, Dow J M, Martín-Mur T J, et al. ROUTINE PRODUCTION OF IONOSPHERE TEC MAPS AT ESOC [J]. Mur, 1996.

[48] Feltens J, Schaer S (1998) IGS product for the Ionosphere. In: Proceedings of the IGS analysis centers workshop. Darmstadt, Germany, 225~232.

[49] Feltens J. Chapman Profile Approach for 3-d Global TEC Representation, IGS Presentation. In: Proceedings of the 1998 IGS analysis centers workshop, ESOC, Darmstadt, Germany, 9-11 February, 1998, 285~297.

[50] Feltens J. Development of a new three-dimensional mathematical ionosphere model at European Space Agency/European Space Operations Centre [J]. Space Weather the International Journal of Research & Applications, 2007, 5 (12): 177~180.

[51] Feng J, Wang Z, Jiang W, et al. A new regional total electron content empirical model in northeast China [J]. Advances in Space Research, 2016, 58 (7): 1155~1167.

[52] Feng J, Wang Z, Jiang W, et al (2017), A single-station empirical model for TEC over the Antarctic Peninsula using GPS-TEC data, Radio Sci. , 52, doi: 10. 1002/2016RS006171.

[53] Fernández M G. Contributions to the 3D ionospheric sounding with GPS data [J]. Universitat Politècnica De Catalunya, 2004.

[54] Filjar R, Kos T K S. Klobuchar-Like Local Model of Quiet Space Weather GPS Ionospheric De-

lay for Northern Adriatic [J]. Journal of Navigation, 2009, 62 (3): 543~554.

[55] Fuller-Rowell T J, Rees D, Quegan S, et al. Interactions between neutral thermospheric composition and the polar ionosphere using a coupled ionosphere-thermosphere model [J]. Journal of Geophysical Research Atmospheres, 1987, 92 (A7): 7744~7748.

[56] Fuller-Rowell T J. The "thermospheric spoon": A mechanism for the semiannual density variation [J]. Journal of Geophysical Research Space Physics, 1998, 103 (A3): 3951~3956.

[57] Fuller-Rowell T J, The "Thermospheric Spoon": a Mechanism for the Semiannual Density Variation, J. Geophys. Res. , 1998, 103: 3951~3956.

[58] Giovanni G D, Radicella S M. An analytical model of the electron density profile in the ionosphere [J]. Advances in Space Research, 1990, 10 (11): 27~30.

[59] Gopal Rao M S V, Sambasiva Rao R (1969), The hysteresis variation in the F2-layer parameters, J. Atmos. Terr. Phys. , 31, 1119~1125.

[60] Guo J, Wan W, Forbes J M, et al, Effects of solar variability on thermosphere density from CHAMP accelerometer data, J. Geophys. Res. , 2007, 112.

[61] Habarulema J B, Mckinnell L, Opperman B D L. Regional GPS TEC modeling: Attempted spatial and temporal extrapolation of TEC using neural networks [J]. Journal of Geophysical Research Atmospheres, 2011, 116 (A4): 67~72.

[62] Habarulema, Bosco J, McKinnell, et al. TEC measurements and modelling over Southern Africa during magnetic storms: a comparative analysis [J]. Journal of Atmospheric and Solar-Terrestrial Physics, 2010, 72 (5): 509~520.

[63] Hachenberg O, Krüger A. The correlation of bursts of solar radio emission in the centimetre range with flares and sudden ionospheric disturbances [J]. Journal of Atmospheric & Terrestrial Physics, 1959, 17 (1-2): 20~33.

[64] Hajra R, Chakraborty S K, Tsurutani B T, et al. An empirical model of ionospheric total electron content (TEC) near the crest of the equatorial ionization anomaly (EIA) [J]. Journal of Space Weather & Space Climate, 2016, 6: A29.

[65] Han L, Zhang H, Huang Y, et al. Improving Klobuchar Type Ionospheric Delay Model using 2D GPS TEC over China [C] // 36th COSPAR Scientific Assembly. 36th COSPAR Scientific Assembly, 2006.

[66] Hedin A E. Correlations between thermospheric density and temperature, solar EUV flux, and 10. 7-cm flux variations [J]. Journal of Geophysical Research Atmospheres, 1984, 89 (A11): 9828~9834.

[67] Heelis, R. A. Electrodynamics in the low and middle latitude ionosphere: a tutorial [J], J. Atmos. Sol. Terr. Phys. , 2004, (66): 825~838.

[68] Hernández-Pajares M, Juan J M, Sanz J, et al. Propagation of medium scale traveling ionospheric disturbances at different latitudes and solar cycle conditions [J]. Radio Science, 2012, 47 (4): 2538~2550.

[69] Hernández-Pajares M, Juan J M, Sanz J, et al. The IGS VTEC maps: a reliable source of ionospheric information since 1998 [J]. Journal of Geodesy, 2009, 83 (3): 263~275.

[70] Hinteregger H E, Bedo D E, Manson J E. The EUV spectrophotometer on Atmosphere Explorer. Radio Sci, 1973, 8: 349~359.

[71] Hochegger G, Nava B, Radicella SM, et al. 2000. A family of ionospheric models for different uses, physics and chemistry of the earth. Part C: solar. Terrestrial Planet Sci, 25 (4): 307~310.

[72] Hoque M M, Jakowski N. A new global model for the ionospheric F_2 peak height for radio wave propagation [J]. Annales Geophysicae, 2012, 30 (5): 797~809.

[73] Horvath I, Lovell B C. An investigation of the northern hemisphere midlatitude nighttime plasma density enhancements and their relations to the midlatitude nighttime trough during summer [J]. Journal of Geophysical Research Atmospheres, 2009, 114 (A8): A08308. 1-A08308. 14.

[74] Huang Z, Li Q B, Yuan H. Forecasting of ionospheric vertical TEC 1-h ahead using a genetic algorithm and neural network [J]. Advances in Space Research, 2015, 55 (7): 1775~1783.

[75] Huang Z, Yuan H. Ionospheric single-station TEC short-term forecast using RBF neural network [J]. Radio Science, 2014, 49 (4): 283~292.

[76] Huang JN (1963), The hysteresis variation of the semi-thickness of the F_2-layer and its relevant phenomena at Kokubunji, Japan, J. Atmos. Terr. Phys. , 25, 647~658.

[77] Huang L, Huang J, Wang J, et al, 2013. Analysis of the north-south asymmetry of the equatorial ionization anomaly around 110E longitude. J. Atmos. Sol-Terr. Phys. 102, 354~361.

[78] Huang YN, Cheng K. Solar cycle variations of the equatorial ionospheric anomaly in total electron content in Asian region [J]. J. Geophys. Res. , 1996, 101 (A11): 24513-24520. DOI: 10. 1029/96JA01297.

[79] Jakowski N, Hoque M M, Mayer C. A new global TEC model for estimating transionospheric radiowave propagation errors [J]. J Geod. , 2011, 85: 965~974.

[80] Jakowski N, Forster M, 1995. About the nature of the nighttime winter anomaly effect (Nwa) in the F-region of the ionosphere. Planet. Space Sci. 43, 603~609.

[81] Jakowski N: TEC Monitoring by Using Satellite Positioning Systems, 1996.

[82] Rawer K, Ramakrishnan S, Bilitza D. International Reference ionosphere, URSI, COSPAR, 1978.

[83] Kane R P. Hysteresis and non-linearity between solar EUV and 10. 7 cm fluxes. Ind J Radio Space Phys, 2005, 34: 161~170.

[84] Kawamura S, Balan N, Otsuka Y, et al. Annual and semiannual variations of the midlatitude ionosphere under low solar activity [J]. J. Geophys. Res. , 2002, 107 (A8): 1166. DOI: 10. 1029/2001JA000267.

[85] King G A M. The ionospheric disturbance and atmospheric waves: Ⅱ—The F -region at Campbell Island [J]. Journal of Atmospheric & Terrestrial Physics, 1967, 29 (2): 161~168.

[86] King G A M. The ionospheric F region during a storm [J]. Planetary & Space Science, 1962, 9 (3): 95~98.

[87] Klobuchar J A. Ionospheric Time-Delay Algorithm for Single-Frequency GPS Users [J]. IEEE

Transactions on Aerospace & Electronic Systems, 1987, aes-23 (3): 325~331.

[88] Klobuchar J A. 1996. Global Positioning System: Theory and Applications, Vol. I, Cap. 12: Ionospheric Effects on GPS, (American Institute of Aeronautics and Astronautics Inc.), 1996: 485~515.

[89] Klobuchar J A. 1991. Ionospheric effects on GPS. GPS World 2, 48~51.

[90] Kumar S, Tan E L, Murti D S. Impacts of solar activity on performance of the IRI-2012 model predictions from low to mid latitudes [J]. Earth, Planets and Space, 2015, 67 (1): 1~17.

[91] Kumar S, Veenadhari B, Tulasi S, et al. On the performance of the IRI-2012 and NeQuick2 models during the increasing phase of the unusual 24th solar cycle in the Brazilian equatorial and low-latitude sectors [J]. Journal of Geophysical Research Space Physics, 2014, 119 (6): 5087~5105.

[92] Kunštović M, Malarić K, Roša D. Influence of Sudden Ionosphere Disturbances on VLF Communications [J]. Journal of the American Chemical Society, 2012, 134 (37): 15309~15311.

[93] Le G M. and Wang J. L., Wave analysis of several important periodic properties in the relative sunspot numbers, Chin, J. Astron. Astrophys. 2003, 3 (5): 391~394.

[94] Lee W K, Kil H, Kwak Y S, et al. 2011. The winter anomaly in the middle latitude F region during the solar minimum period observed by the Constellation Observing System for Meteorology, Ionosphere, and Climate, J. Geophys. Res., 116, A02302, doi: 10. 1029/2010JA015815.

[95] Leitinger R, Zhang M L, Radicella S M. An improved bottomside for the ionospheric electron density model NeQuick [J]. Annals of Geophysics, 2005, 48 (3): 525~534.

[96] Lejeune S, Wautelet G, Warnant R. Ionospheric effects on relative positioning within a dense GPS network [J]. GPS Solutions, 2012, 16 (1): 105~116.

[97] Libo Liu, Biqiang Zhao, Weixing Wan, et al. Yearly variations of global plasma densities in the topside ionosphere at middle and low latitudes [J]. J. Geophys. Res., 112, A07303, doi: 10. 1029/2007JA012283.

[98] Lin C H, Liu C H, Liu J Y, et al. Midlatitude summer nighttime anomaly of the ionospheric electron density observed by FORMOSAT-3/COSMIC [J]. Journal of Geophysical Research Atmospheres, 2010, 115 (A3).

[99] Lin C H, Liu J Y, Cheng C Z, et al. Three-dimensional ionospheric electron density structure of the Weddell Sea Anomaly [J]. Journal of Geophysical Research Atmospheres, 2008, 114 (A2).

[100] Liu H, Thampi S V, Yamamoto M. Phase reversal of the diurnal cycle in the midlatitude ionosphere [J]. Journal of Geophysical Research, 2010, 115 (A1): 81~85.

[101] Liu J, Hernandez-Pajares M, Liang X, et al. Temporal and spatial variations of global ionospheric total electron content under various solar conditions [J]. Journal of Geodesy, 2016: 1~18.

[102] Liu L, Wan W, Ning B, et al. Climatology of the mean total electron content derived from GPS global ionospheric maps [J]. Journal of Geophysical Research Space Physics, 2009,

114, A06308.

[103] Liu L, Wan W, Ning B, et al. Solar activity variations of the ionospheric peak electron densi-ty. J Geophys Res, 2006, 111: A08304, doi: 10. 1029/2006JA011598.

[104] Liu L, Wan W, Ning B. Statistical modeling of ionospheric fo F_2 over Wuhan. Radio Sci, 2004, 39: RS2013, doi: 10. 1029/2003RS003005.

[105] Liu L, Zhao B, Wan W, et al. Yearly variations of global plasma densities in the topside iono-sphere at middle and low latitudes [J]. Journal of Geophysical Research Space Physics, 2007, 112 (7) .

[106] Liu L, Wan W, Chen Y, et al. Solar activity effects of the ionosphere: A brief review, Chinese Science Bulletin, 2011, 56 (12): 1202~1211.

[107] Liu Libo, Wan Weixing, Chen Yiding, et al. Recent progresses on ionospheric climatology in-vestigations. Chin. J. Space Sci. , 2012, 32 (5): 665~680.

[108] Luan X, Wang W, Burns A, et al. Midlatitude nighttime enhancement in F region electron density from global COSMIC measurements under solar minimum winter condition. Journal of Geophysical Research Space Physics 113, 387~402, 2008.

[109] Aggarwal M, Joshi b H P, Iyer b K N, et al. Day-to-day variability of equatorial anomaly in GPS-TEC during low solar activity period [J]. Adv. Space Res. , 2012, (49): 1709~1720.

[110] Maeda K, Hedin A E, Mayr H G, Hemispheric Asymmetries of the Thermospheric Semiannual Variation, J Geophys. Res. , 1986, 91: 4461~4470.

[111] Mannucci A J, Wilson B D, Yuan D N, et al. A global mapping technique for GPS-derived ionospheric total electron content measurements [J]. Radio Science, 1998, 33 (33): 565~582.

[112] Mao T, Wan W, Liu L. An EOF-based empirical model of TEC over Wuhan [J]. Chinese Journal of Geophysics- Chinese Edition, 2005, 48 (4): 751~758.

[113] Mao T, Wan W, Yue X, et al. An empirical orthogonal function model of total electron content over China [J]. Radio Science, 2008, 43 (2): 2009.

[114] Martyn D F. Geomagnetic Anomalies of the F2 Region and their Interpretation [C] // Physics of the Ionosphere. Physics of the Ionosphere, 1955.

[115] Martyn D F. Large-scale movements of ionization in the ionosphere [J] . Journal of Geophysical Research, 1959, 64 (12): 2178~2179.

[116] Matsushita. A Study of the Morphology of Ionospheric Storms [J]. Journal of Geophysical Re-search Atmospheres, 1959, 64 (3): 305~321.

[117] Michael Mendillo, Chia-Lin Huang, Xiaoqing Pi, et al. The Global Ionospheric Asymmetry in Total Electron Content [J]. Journal of Atmospheric and Solar-Terrestrial Physics, 2005, 67 (15): 1377~1387.

[118] Mikhailov A V, Mikhailov V V. Solar cycle variations of annual mean noon fo F_2. Adv Space Res, 1995, 15: 79~82.

[119] Mikhailov A V, Forster M, Some F_2-layer effects during the January 06-11-1997 cedar storm period as observed with the MillstoneHill incoherent scatter facility. J. Atmos. Sol. Terr.

Phys. 1999, 61, 249~261.

[120] Mikhailov A V, Forster M, Leschinskaya T Y, On the mechanism of the post-midnight winter N_mF_2 enhancements: dependence on solar activity. Ann Geophys-Atm Hydr 18, 1422 ~ 1434, 2000a.

[121] Mikhailov A V, Leschinskaya T Y, Forster, M. Morphology of N_mF_2 nighttime increases in the Eurasian sector. Ann Geophys-Atm Hydr 18, 618~628, 2000b.

[122] Millward G H, Rishbeth H, Fuller-Rowell T J, et al. Ionospheric F_2 layer seasonal and semi-annual variations [J]. Journal of Geophysical Research Atmospheres, 1996, 101 (A3): 5149~5156.

[123] Mukherjee S, Sarkar S, Purohit P K, Gwal A K. Seasonal variation of total electron content at crest of equatorial anomaly station during low solar activity conditions [J]. Adv. Space Res., 2010 (46): 291~295.

[124] Mukhtarov P, D. Pancheva B. Andonov, and L. Pashova. 2013. Global TEC maps based on GNSS data: 1. Empirical background TEC model, J. Geophys. Res. Space Physics, 118, doi: 10. 1002/jgra. 50413.

[125] Najman P, Kos T. Performance Analysis of Empirical Ionosphere Models by Comparison with CODE Vertical TEC Maps [M]. Mitigation of Ionospheric Threats to GNSS: an Appraisal of the Scientific and Technological Outputs of the TRANSMIT Project. 2014.

[126] Nava B, Coïsson P, Radicella S M. A new version of the NeQuick ionosphere electron density model [J]. Journal of Atmospheric and Solar-Terrestrial Physics, 2008, 70 (15): 1856~ 1862.

[127] Najman P, Tomislav T. Performance Analysis of Empirical Ionosphere Models by Comparison with CODE Vertical TEC Maps [M]. Mitigation of Ionospheric Threats to GNSS: an Appraisal of the Scientific and Technological Outputs of the TRANSMIT Project. 2014.

[128] Ochadlick A R, Kritikos H, Variation in the period of the sunspot cycle, Geophys. Res. Lett., 1993, 20 (14): 1471~1474.

[129] Olawepo A O, et al. TEC variations and IRI-2012 performance at equatorial latitudes over Africa during low solar activity. Adv. Space Res. (2017), http://dx. doi. org/ 10. 1016/j. asr. 2017. 01. 017.

[130] Opperman B D L, Cilliers P J, Mckinnell L A, et al. Development of a regional GPS-based ionospheric TEC model for South Africa [J]. Advances in Space Research, 2007, 39 (5): 808~815.

[131] Otsuka Y, Shiokawa K, Ogawa T. Equatorial Ionospheric Scintillations and Zonal Irregularity Drifts Observed with Closely-Spaced GPS Receivers in Indonesia (CPEA-Coupling Processes in the Equatorial Atmosphere) [J]. Journal of the Meteorological Society of Japan, 2006, 84 (7): 343~351.

[132] Pavlov A V, Pavlova N M, Anomalous variations of N_mF_2 over the Argentine Islands: A statistical study, Ann. Geophys., 2009, 27, 1363~1375.

[133] Pavlov A V, Pavlova N M, Makarenko S F. A statistical study of the mid-latitude N_mF_2 winter

anomaly, Adv. Space Res. , 2010, 45 (3), 374~385.

[134] Radicella S M, Leitinger R. The evolution of the DGR approach to model electron density pro-files [J]. Advances in Space Research, 2001, 27 (27): 35~40.

[135] Radicella S M, Zhang M L. The improved DGR analytical model of electron density height pro-file and total electron content in the ionosphere [J]. Annals of Geophysics, 1995, 38 (1) .

[136] Radicella SM, Leitinger R. 2001. The evolution of the DGR approach to model electron density profiles. Adv Space Res, 27: 35~40.

[137] Rathore V S, Kumar S, Singh A K. A statistical comparison of IRI TEC prediction with GPS TEC measurement over Varanasi, India [J]. Journal of Atmospheric and Solar-Terrestrial Physics, 2015, 124: 1~9.

[138] Ratovsky K G, Medvedev A V, Tolstikov M V, et al. Case studies of height structure of TID propagation characteristics using cross-correlation analysis of incoherent scatter radar and DPS-4 ionosonde data [J]. Advances in Space Research, 2008, 41 (9): 1454~1458.

[139] Reddy C A. The equatorial electrojet [J]. PAGEOPH, 1989, 13 (1): 485~508.

[140] Richards P G, Fennelly J A, Torr D G. Erratum: "EUVAC: a solar EUV flux model for aero-nomic calculations" [J. Geophys. Res. Vol. 99, No. A5, p. 8981-8992 (1 May 1994)] [J]. Journal of Geophysical Research Space Physics, 1994, 99 (A5): 3283.

[141] Richmond A D. Modeling the ionospheric wind dynamo: a review [J]. PAGEOPH, 1989, 13 (1): 413~435.

[142] Rishbeth H, Field P R. Latitude and solar-cycle patterns in the response of the ionosphere F2-layer to geomagnetic activity [J]. Advances in Space Research, 1997, 20: 1689~1692.

[143] Rishbeth H, Garriott O K. Introduction to Ionospheric Physics [M]. New York: Academic, 1969.

[144] Rishbeth H, Sedgemore-Schulthess K J F, Ulich T. Semiannual and annual variations in the height of the ionospheric F2-peak [J]. Annales Geophysicae, 2000, 18 (3): 285~299.

[145] Rufenach C L. Ionospheric scintillation by a random phase screen: Spectral approach [J]. Radio Science, 1975, 10 (2): 155~165.

[146] Schaer S. Mapping and Predicting the Earth's Ionosphere Using the Global Positioning System, Ph. D. Dissertation Astronomical Institute, University of Berne, Berne, Switzerland, 1999, 25 March.

[147] Schaer S. Mapping and predicting the Earth's ionosphere using the Global Positioning System [J]. Geod. -Geophys. Arb. Schweiz, Vol. 59, 1999, 59.

[148] Schunk R W, Sojka J J, Bowline M D. Theoretical study of the electron temperature in the high-latitude ionosphere for solar maximum and winter conditions [J]. Journal of Geophysical Research, 1986, 91 (A11): 12041~12054.

[149] Sethia G, Rastogi R G, Deshpande M R, et al. Equatorial electrojet control of the low latitude ionosphere [J]. J. Geomagn, 1980, (32): 207~216.

[150] Shukla A K, Das S, Shukla A P, et al. Approach for near-real-time prediction of ionospheric delay using Klobuchar-like coefficients for Indian region [J]. Iet Radar Sonar & Navigation,

2013, 7 (1): 67~74.

[151] Tanaka T. The worldwide distribution of positive ionospheric storms [J]. Journal of Atmospheric and Terrestrial Physics, 1979, 41 (2): 103~110.

[152] Tariku Y A. TEC prediction performance of IRI-2012 model during a very low and a high solar activity phase over equatorial regions, Uganda [J]. Journal of Geophysical Research Space Physics, 2015, 120 (7): 5973~5982.

[153] Thampi S V, Lin C, Liu H, et al. First tomographic observations of the Midlatitude Summer Nighttime Anomaly over Japan [J]. Journal of Geophysical Research Atmospheres, 2009, 114 (A10): 271~313.

[154] Thebault E, Finlay C C, Beggan C D, Alken P, Aubert J, Barrois O, Bertrand F, Bondar T, Boness A, Brocco L, Canet E, Chambodut A, Chulliat A, Coisson P, Civet F, Du A, Fournier A, Fratter I, Gillet N, Hamilton B, Hamoudi M, Hulot G, Jager T, Korte M, Kuang W, Lalanne X, Langlais B, Leger J M, Lesur V, Lowes F J, Macmillan S, Mandea M, Manoj C, Maus S, Olsen N, Petrov V, Ridley V, Rother M, Sabaka T J, Saturnino D, Schachtschneider R, Sirol O, Tangborn A, Thomson A, Toffner-Clausen L, Vigneron P, Wardinski I, Zvereva T, 2015. International geomagnetic reference field: the 12th generation. Earth Planets Space 67.

[155] Thomas L, Gondhalekar P M, Bowman M R. The influence of negative-ion changes in the D-region during sudden ionospheric disturbances [J]. Journal of Atmospheric & Terrestrial Physics, 1973, 35 (3): 385~395.

[156] Titheridge J E, Buonsanto M J. Annual variations in the electron content and height of the F, layer in the northern and southern hemispheres, related to neutral composition [J]. Journal of Atmospheric & Terrestrial Physics, 1983, 45 (10): 683~696.

[157] Tobiska W K, Woods T, Eparvier F, et al. The SOLAR2000 empirical solar irradiance model and forecast tool [J]. Journal of Atmospheric and Solar-Terrestrial Physics, 2000, 62 (14): 1233~1250.

[158] Todorova S, Hobiger T, Schuh H. Using the Global Navigation Satellite System and satellite altimetry for combined Global Ionosphere Maps [J]. Advances in Space Research, 2008, 42 (4): 727~736.

[159] Torr M R, Torr D G. The seasonal behaviour of the F 2-layer of the ionosphere [J]. Journal of Atmospheric & Terrestrial Physics, 1973, 35 (12): 2237~2251.

[160] Vila P, 1971. Intertropical F2 ionization during June and July 1966. Radio Science 6 (7), 689~697, http: //dx. doi. org/10. 1029/RS006i007p00689.

[161] Wan W X, Feng D, Ren Z P, et al. Modeling the global ionospheric total electron content with empirical orthogonal function analysis [J]. 中国科学: 技术科学, 2012, 55 (5): 1161~1168.

[162] Wang N, Yuan Y, Li Z, et al. Improvement of Klobuchar model for GNSS single-frequency ionospheric delay corrections [J]. Advances in Space Research, 2016, 57 (7): 1555~1569.

[163] Wu X, Hu X, Wang G, et al. Evaluation of COMPASS ionospheric model in GNSS positioning [J]. Advances in Space Research, 2013, 51 (6): 959~968.

[164] Wu C C, Fry C D, Liu J Y, Liou K, Tseng C L. Annual TEC variation in the equatorial anomaly region during the solar minimum: September 1996-August 1997 [J]. J. Atmos. Sol. Terr. Phys. , 2004 (66): 199~207.

[165] Xiong C, Lühr H, 2013. Nonmigrating tidal signatures in the magnitude and the inter-hemispheric asymmetry of the equatorial ionization anomaly. Annals of Geophysics 31, 1115-1130, http: //dx. doi. org/10. 5194/angeo-31-1115-2013.

[166] Yeh K C, Liu C H (1972), Theory of Ionospheric Waves, vol. xiv, pp. 464, Academic Press, New York.

[167] Yin Z Q, Han Y B, Ma L H, et al. Short-term period variation of relative sunspot numbers, Chin. J. Astron. Astrophys. , 2007, 7 (6): 823~830.

[168] Yonezawa T. The solar-activity and latitudinal characteristics of the seasonal, non-seasonal and semi-annual variations in the peak electron densities of the F_2-layer at noon and at midnight in middle and low latitudes [J]. Journal of Atmospheric and Terrestrial Physics, 1971, 33 (6): 889~907.

[169] Yonezawa T, Arima Y. On the seasonal and non-seasonal annual variations and the semi-annual variation in the noon and midnight electron densities of the F_2 layer in middle latitudes, J. Radio Res. Labs. , 1959, 6, 293~309.

[170] Yu T, Wan W X, Liu L B, et al. Global scale annual and semi-annual variations of daytime N_mF_2 in the high solar activity years. Journal of Atmospheric and Solar-Terrestrial Physics, 2004, 66: 1691~1701.

[171] Yu T, Wan W, Liu L, Tang W, Luan X, Yang G. Using IGS data to analysis the global TEC annual and semiannual variation [J]. Chin. J. Geophys. , 2006, 49 (4): 943~949

[172] Yu T, Wan W, Liu L, Zhao B. Global scale annual and semiannual variations of daytime N_mF_2 in the high solar activity years, J. Atmos. Sol. Terr. Phys. , 2004, 66, 1691~1701.

[173] Yuan Y, Huo X, Ou J, et al. Refining the Klobuchar ionospheric coefficients based on GPS observations [J]. IEEE Transactions on Aerospace & Electronic Systems, 2008, 44 (4): 1498~1510.

[174] Yuen P C, Roelofs T H. Seasonal variations in ionospheric total electron content [J]. Journal of Atmospheric & Terrestrial Physics, 1967, 29 (3): 321~326.

[175] Zhao B Q, Wan W X, Liu L L, et al. Characteristics of the ionospheric total electron content of the equatorial ionization anomaly in the Asian- Australian region during 1996-2004 [J]. Annales Geophysicae, 2009, 27: 3861~3873.

[176] Zhao B, Wan W, Liu L, et al. Features of annual and semiannual variations derived from the global ionospheric maps of total electron content [J]. Ann. Geophys. , 2007, 25 (12): 2513~2527.

[177] Zhao B, Wan W, Liu L, 2005. Response of equatorial anomaly to the october-november 2003 superstorms. Ann. Geophys. 23, 693~706.

附　录

缩　略　词
(Abbreviations)

CODE	Center for Determination in Europe
COSPAR	Committee on Space Research
DCB	Differential Code Bias
DOY	Day of Year
EEJ	Equatorial Electrojet
EIA	Equatorial Ionization Anomaly
EOF	Empirical Orthogonal Function
ESA	European Space Agency
EUV	Extreme Ultraviolet
EV	Estimated Value
F10.7	the F10.7 radio flux
GIM	Global Ionospheric Maps
GLONASS	GLObalnaya NAvigatsionnaya Sputnikovaya Sistema
GNSS	Global Navigation Satellite System
GPS	Global Positioning System
GSFC	Goddard Space Flight Center
IAAC	Ionosphere Associate Analysis Centers
IAG	International Association of Geodesy
IGRF	International Geomagnetic Reference Field
IGS	International GNSS Service
IONEX	Ionosphere Exchange Format
IRI	International Reference Ionosphere
JPL	Jet Propulsion Laboratory
LT	Local Time

MSNA	Mid-latitude Summer Night Anomaly
NRCan	Natural Resources Canada
RBF	Radial Basis Function
RMS	Root Meam Square
SID	Sudden Ionosphere Disturbance
Std	Standard Deviation
STEC	Slant Total Electron Content
TEC	Total Electron Content
TECU	TEC Units
TID	Travelling Ionospheric Disturbance
UPC	Technical University of Catalonia
UT	Universal Time
UV	Ultraviolet
VTEC	Vertical Total Electron Content
WSA	Weddell Sea Anomaly

作者简介：

冯建迪，男，1988 年生，山东荷泽人，2017 年于武汉大学获得工学博士学位。现为山东理工大学讲师、硕士生导师，从事 GNSS 数据处理及电离层研究。主持/参与国家级项目 4 项，国家重点实验室基金项目 2 项，发表学术论文 20 余篇，担任《测绘科学》、*Sensor Review*、*JGR*、*Advances in Space Research* 等期刊审稿人。